빛깔있는 책들 76

봄가을 한복

글 ● 사진 | 뿌리깊은나무

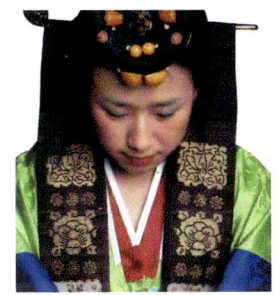

대원사

저자 소개

글 ㅣ 목수현, 유선주, 임선주(샘이깊은물 기자)
사진 ㅣ 강운구(샘이깊은물 사진 편집위원)
　　　 권태균(샘이깊은물 전 사진기자)

차 례

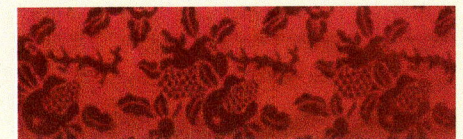

봄가을 한복

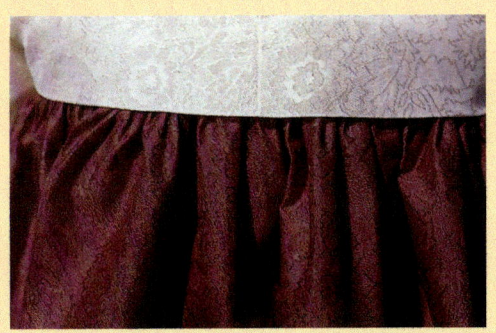

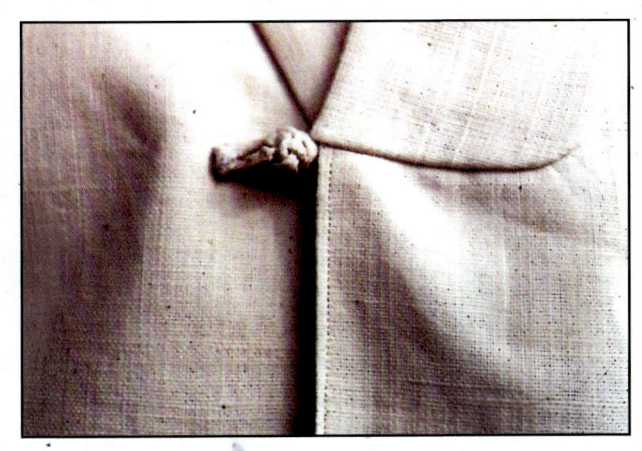

김씨 부인의 **원삼 족두리**

김지혜 씨는 혼인할 적에 혼례복의 전통을 잘 지켜 갖추어 입었던 이에 든다. 그의 폐백 차림을 살펴보면 쪽 찐 머리에는 족두리를 얹고 칠보은비녀를 꽂았으며, 뒤로 도투락댕기를 늘어뜨리고 비녀 양쪽에 드린 댕기를 두 번 감아 앞으로 드리웠다. 치마저고리로 다홍 치마와 연두 저고리를 입었고, 그 위에 녹색 원삼을 입었다. 원삼에 밀화, 옥나비 한 쌍과 산호로 꾸민 대삼작노리개를 달았다.

본디 조선 영조 때까지는 큰머리, 어여머리 따위의 '가채'라 부르는 머리 장식이―요즈음 말로 하자면 '가발'로 만든 것이다.―있었다. 양반집 부녀자들 사이에서 이 가채가 나날이 사치스러워져 가므로 영조 때 나라에서 이를 금하고 가채 대신 간소한 장식의 족두리를 쓰도록 하였다고 한다. 몽고에서 고려 말엽에 우리나라로 들어온 족두리는 이때부터 양반집 여자들 사이에 널리 퍼졌다.

족두리는 검은 비단 여섯 쪽을 이어 꿰매고 안에 솜을 두어 만든다. 이렇게 비단으로 지은 뒤에 아무 장식으로도 꾸미지 않고 민족두리로 쓰기도 하고, 칠보 따위로 꾸며서 쓰기도 했다.

도투락댕기는 원삼이나 활옷을 입을 때 머리 뒤로 늘어뜨리는 댕기이

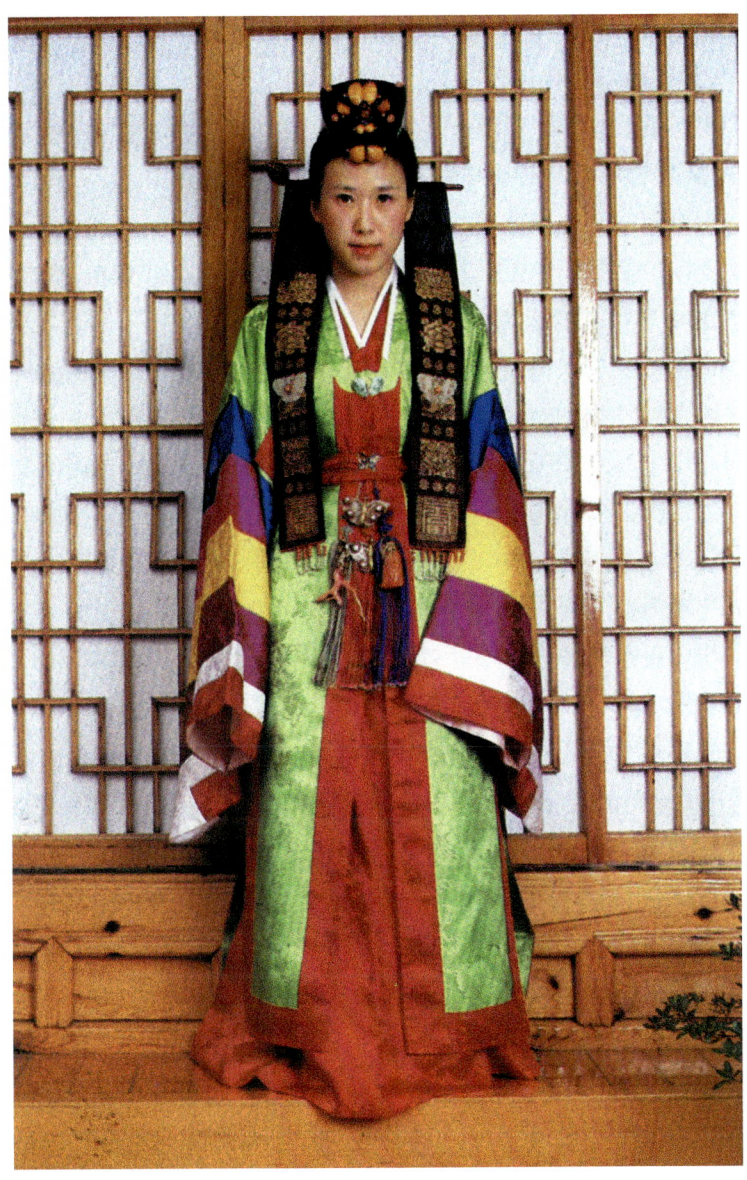

서울의 돈암동에서 사는 김씨 집 새댁이 혼례 때 갖추었던 폐백 차림이다. 그는 혼례복
의 전통을 경기도 개성식으로 지켜 잘 갖추어 입었던 신부에 든다.

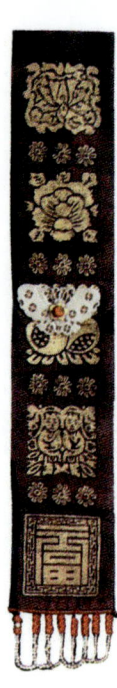

다. 검은색이나 자주색의 비단으로 짓는다. 10티미터쯤 되는 폭으로 두 가닥을 늘어뜨리게 되어 있으며, 바탕 헝겊 위에는 '수', '복' 따위의 길한 문자를 금박으로 새기기도 하고 밀화 따위의 보석으로 장식을 하기도 했다.

원삼을 입고 도투락댕기를 드릴 때는 도투락댕기와 짝을 이루는 드림댕기를 앞으로 드렸다. 그리고 드림댕기의 양쪽 끝에는 산호나 진주 따위를 박아 꾸몄다.

보석으로 꾸민 족두리나 도투락댕기나 드림댕기는 궁중에서는 쓰지 않았으며 양반집에서 딸이 혼례할 때 많이들 썼다. 본디 가채를 없애고 족두리를 쓰게 한 것이 사치를 막으려는 뜻에서 한 일이었는데 양반가에서는 더러 가채만큼이나 사치스럽게 신부의 족두리나 댕기를 꾸미기도 했다. 김씨 집의 새댁이 들인 댕기는 반지 따위를 만들 만큼 반듯하지 못한 진주들을 하나둘 모아 두었다가 그것을 이용하여 꾸민 개성식 진주 댕기로서 여염집 신부에게 적당한, 크게 사치하지 않은 댕기이다.

노리개는 혼례 때 시집으로부터 받는 가장 뜻깊은 예물이다. 옥나비 한 쌍과 산호 가지와 밀화를 노란색·남색·다홍색의 매듭 술로 엮은 세 덩어리 한 벌을 '대삼작'이라 일컫는데, 이것은 조부모·부모·아들과 며느리의 삼대가 한집에 살던 시절에 새며느리에게 집안의 가풍을 전하는 뜻에서 새로 며느리를 볼 때 넘겨 주던 가보였다. 대삼작에는 옥, 산호, 밀화말고도 금, 은, 비취, 호박, 진주 따위가 쓰이기도 했다.

김씨의 차림 가운데서 이번에 새로 장만한 것은 연두 저고리와 다홍 치마뿐이다. 원삼이나 족두리, 댕기, 대삼작노리개는 모두 그의 시집에서 대를 물려 내려오는 물건이라 장롱 속 깊이 간수해 두었다가 집안의 혼례 때마다 꺼내어 새색시를 단장하곤 하는 것들이다.

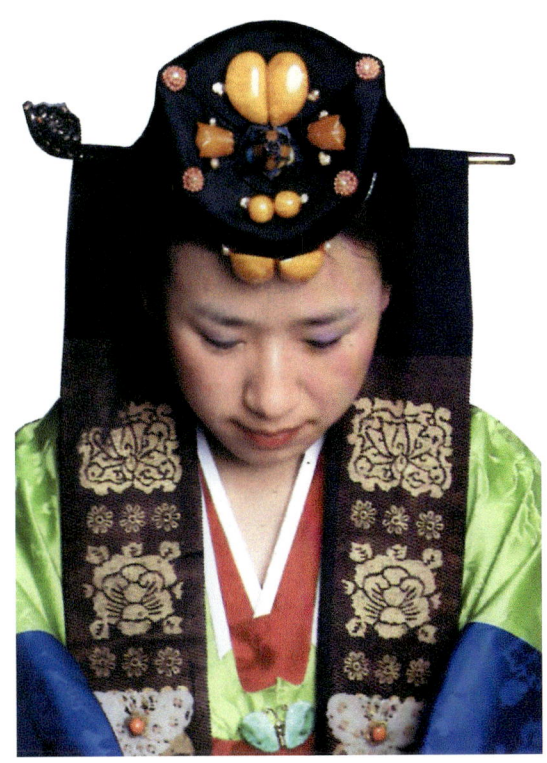

드림댕기 자주색 비단에 위에서
부터 나비, 모란, 석류, 동자, '넉넉
할 부' 자가 금박으로 박혀 있다.
모두가 '수, 부, 귀, 다남'의 상서로
움을 담은 무늬이다. (왼쪽)

보석으로 꾸민 족두리나 댕기는
궁중에서는 쓰지 않았으며 양반집
에서 딸이 혼례할 때 많이들 썼다.
쪽 찐 머리에는 족두리를 얹고 칠
보 은비녀를 꽂았다. 비녀 양쪽에
드림댕기를 두 번 감아 앞으로 드
리웠다. (오른쪽)

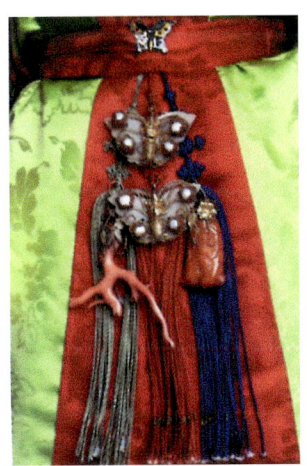

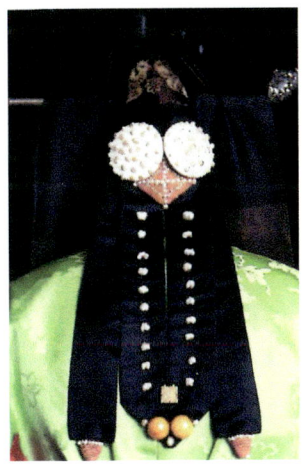

밀화와 옥나비 한 쌍과 산호 가지
로 꾸민 대삼작노리개 김씨 부인
이 찬 노리개는 그 시할머니에게
서 시어머니에게로, 다시 그 집의
새며느리가 된 이 부인에게로 대
물림한 뜻깊은 예물이다. (왼쪽)

개성식으로 꾸민 도투락댕기 반
지 따위를 만들 만큼 반듯하지 못
한 진주들을 하나둘 모아 두었다
기 그것을 이용하여 꾸몄다. 어엿
집 신부에게 적당한, 크게 사치스
럽지 않은 댕기이다. (오른쪽)

본디 우리 민족은 흰옷을 좋아하는 민족이라 일컬어지기도 하듯이 예부터 무명이거나 손명주이거나 물들이지 않은 천으로—자연색, 곧 소색 그대로—옷을 지어 입기를 잘했다. 이렇게 소색이 여염집 사람들의 가장 보편적인 옷 빛깔로 퍼진 것은 사람들이 소색을 좋아했기 때문이기도 하지만 그보다는 신분에 따라 옷의 색을 엄격하게 제한하였던 복식 제도의 탓이 크다. 이러한 제한에서 벗어나 여염집 여자도 원색의 호사로운 옷 빛깔을 누리고 이런저런 장신구로 단장을 할 수도 있는 날이 있었으니, 이날이 혼롓날이었다.

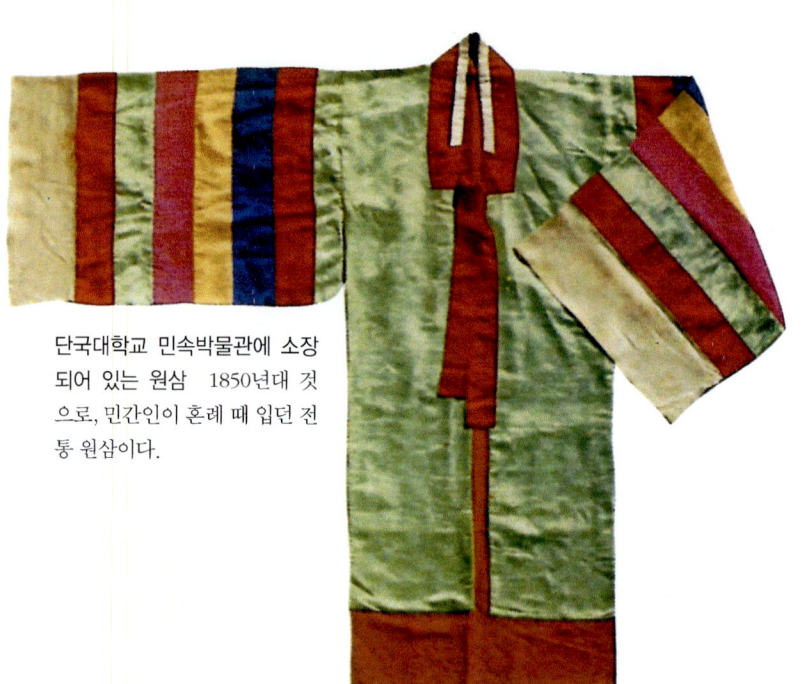

단국대학교 민속박물관에 소장되어 있는 원삼 1850년대 것으로, 민간인이 혼례 때 입던 전통 원삼이다.

원삼은 본디 궁중에서 여자들이 대례복으로 입던 옷이다. 황후는 길이 황금색인 황원삼을, 왕비는 길이 다홍색인 홍원삼을 입었고, 공주나 옹주는 길이 초록색인 초록 원삼을 입었다. 여염집 처녀가 혼인할 때 혼례복으로 입을 수 있었던 옷이 그 초록 원삼이다. 그러나 이때도 궁중의 원삼과 차별을 두기 위해서 금박을 박는 것은 허락하지 않았다.

원삼의 모양과 쓰임새가 비슷한 옷으로 활옷이 있다. 활옷은 붉은 비단으로 만들며 앞깃, 뒷깃, 소매 끝에 모란, 나비, 봉황 따위를 화려하게 수놓았다. 양반집 처녀는 혼인할 때 초례청 예식을 치를 때는 원삼을 입고, 시댁 사당에서 조상들께 첫인사를 올릴 때만 활옷을 입었다고 한다.

원삼은 예복이기 때문에 손을 얌전히 감추기 위해 소매 끝에 흰색 천을 덧대어 길게 한 것이 특징이다. 이렇게 흰색 천으로 길게 덧댄 자락을 '한삼'이라고 한다. 김씨 집의 새댁이 입은 원삼은 이 한삼의 소맷부리를 다홍 천으로 덮어 박아 마감하였다. 한삼을 이렇게 짓는 것을 개성식이라고 한다.

원삼 같은 것을 보고 우리 옷의 색 배합이 원색적이고 서양 옷에 견주어 '덜 세련되었다'고 여기는 사람들이 더러 있다. 그러나 네댓 가지의 원색이 함께 들어 있어도 서로 싸우지 않고 잘 어우러진 모습에 우리 옷의 독특한 멋이 있다고 할 수 있다. 게다가 전통 원삼의 빛깔은 요새 우리가 비단집에서 보는 요란한 것이 아니다. 지금처럼 고운 빛깔 옷을 두루 입을 수 없던 시절이니 오색이 어우러진 혼례복은 혼인날의 경사스러운 분위기를 이루어 내는 데 희디흰 서양의 웨딩드레스에 견줄 바가 아니었을 것이다. 그뿐만이 아니라 원삼에 든 다섯 가지 빛깔은 동양의 '음양오행'설을 따르는 색이어서 깊은 뜻을 지닌 것이다. 곧 '청, 백, 적, 흑, 황'의 오색은 우주 만물을 형성하는 '목, 화, 토, 금, 수'의 다섯 기운을 뜻하는 것이고, 오색의 어우러짐은 우주의 조화를 뜻하는 것이다. 또 복식사학자인 석주선 씨의 설명에 따르면 노란색은 중앙, 청색은 동쪽, 흰색은 서쪽, 빨간색은 남쪽, 검은색은 북쪽을 뜻한다고 한다.

요즈음에 많은 신부가 따르는 혼인 풍습은 이렇다. 새로 지었거나 세 낸 웨딩드레스를 먼저 입고 20분이 남짓하게 걸리는 서양식 혼례를 예식장 한 칸을 빌려 치른다. 그러고는 예식장에 따로 마련된 폐백실이라는 방으로 가서 서둘러 웨딩드레스를 치마저고리로 바꾸어 입고 그 위에 그곳에서 빌려주는 원삼을 입고 시집 어른들께 인사를 드린다. 말하자면 한국식과 한국판 서양식을 얼버무린 절충식 혼례가 자리 잡은 것이다. 혼인 절차에서 한식 예절이 사라지고 아예 얼치기 서양식으로만 혼례를 치르는 것보다야 시집 어른들 앞에서나마 치마저고리, 원삼, 족두리를 갖추어 인사드리고 술잔을 올리는 일이 이어지고 있는 것은 다행스러운 일일지도 모른다. 그러나 한 번 빌려 입으려면 아무리 싸도 10만 원을 넘게 주어야 하고, 게다가 돈을 아끼며 빌리다 보면 색이 바래거나 레이스 장식이 조잡하여 입으면서도 기분이 개운치 않기 쉬운 웨딩드레스를 군이 빌려 입고 '웨딩마치'에 발을 맞추어야만 하는 것이 현대 신부의 팔자다. 누가 입었던 옷인지도 모르는 세낸 웨딩드레스보다야 한 번 지으면 대를 물려가며 입을 수 있는 오색이 어우러진 원삼이 훨씬 '새색시'다운 옷이 아닐까? 그런 점에서 원삼이 정식으로 여자의 혼례복이 되는 한식 혼례를 올릴 수 있는 곳이 요새―적어도 서울에는―여러 군데 생겨나는 것은 반가운 일이다.

원혜영 씨의
도류불수문단 치마저고리

　본디 도류불수문단은 도톰하고 윤기가 나는 고급 비단인데, 조선 시대에는 주로 궁중에서 비빈들의 치마저고리와 당의 들의 감으로 쓰이다가 일정 시대쯤부터는 여염집에서도 쓰이기 시작했다. 곧 신랑집에서 신부집에 보내는 납폐에 도류불수문단 홍치마와 연두 저고릿감을 끊어 넣어 주기도 하고 나서부터 여염집에서 매우 귀하게 쓰였다고 한다. '도' 곧 복숭아는 장수를, '류' 곧 석류는 사내아이의 다산을, '불수'는 이승과 저승에 복이 있기를 비는 마음을 뜻하니, 이 세 가지 비는 마음을 늘 마음속에 간직하고자 하는 우리 조상들의 염원을 상징하는 무늬이다.

　원혜영 씨가 입은 도류불수문단 치마저고릿감을 어렵사리 구해준 주경은 씨는 벌써부터 조선 시대 말쯤에 도류불수문단으로 지은 원삼을 보고 그것과 꼭 같은 원삼을 다시 만들려고 했다고 한다. 그러나 주단집을 모두 뒤져봐도 도류불수 무늬가 놓인 비단이 없어 종로에 있는 한 주단집에 부탁을 해서 이녁이 본 그 원삼을 지은 도류불수문단과 꼭 같은 천을 짜 달라고 부탁했다. 표백을 덜한 듯한 연한 계란색, 계란 껍데기색, 은행색, 녹색, 남색, 자주색, 홍색, 흰색, 노란색 같은 아홉 가지쯤의 부드럽고 자연스러운 색이 나는 비단을 생산시킨 것이다. 그러니까 백 년 전쯤에 쓰인 도류불수문단을 다시 재현해 낸 것이다.

예부터 우리나라 비단은 중국 비단에 견주어 윤기가 은근하고 너무 두텁지 않고 도톰한 것이 특징이었다. 예전의 도류불수문단을 그대로 재현한 이 천은 두께나 윤기가 예전 것과 마찬가지로 도톰하고 은근하다.

그 도류불수단 홍치마에 은행색 저고리를 지어 입은 원혜영 씨는 한 대학의 가정학과에 다니는 학생이다. 본디 연두 저고리라 하면 갓 시집 간 새색시가 친정집에서 지어 준 노랑 저고리를 벗고 입는 시집에서 지어 주는 저고리이다. 다만, "초록 같은 새색시"라는 말도 있듯이 서민들은 연두 저고리보다는 짙은 초록에 가까운 저고리를 입었다. 연두 저고리는 궁중에서나 사대부 집안의 여자들이 많이 입었다. 대학생인 원혜영 씨가 새색시처럼 홍치마에 연두색보다는 흐린 은행색 저고리를 선뜻 차려입고 나선 것은 전공 책에서만 볼 수 있었던 그 감으로 지은 옷을 스스로 입어 볼 수 있다는 기쁨에서였다.

은행색 저고리에는 자주색 삼회장을 댔다. 삼회장에는 금박을 찍어 멋을 불렸다. 금박도 조선 시대에는 궁중에서만 쓸 수 있었던 것인데 일정 시대부터 민간에서도 찍게 되었다고 한다. 서울의 답십리에서 금박 집을 하는 김덕환 씨의 말에 따르면 금박 판에 풀을 입혀서 금박을 찍을 곳에 찍은 뒤에 금박 종이를 올려놓고 손으로 꼭꼭 주물러 준다. 그 뒤에 금박이 풀에 잘 붙었다 싶으면 풀을 묻히지 않은 무늬 사이사이의 금박을 떼어 낸다. 그렇게 하면 금박 판의 무늬대로 완성된다. 그러나 금박 판을 가지고 금박을 입히는 곳은 서울에서도 이제는 그리 쉬 찾아보기 힘들다. 흔히 금박 종이에 무늬가 놓여 있어 뜨거운 다리미로 한번 눌러 주면 무늬가 찍히는 '간이 금박'도 있기는 하나, 본디 금박을 찍는 법대로 금박을 찍으면 더욱 단단히 찍히고 무늬도 선명하다.

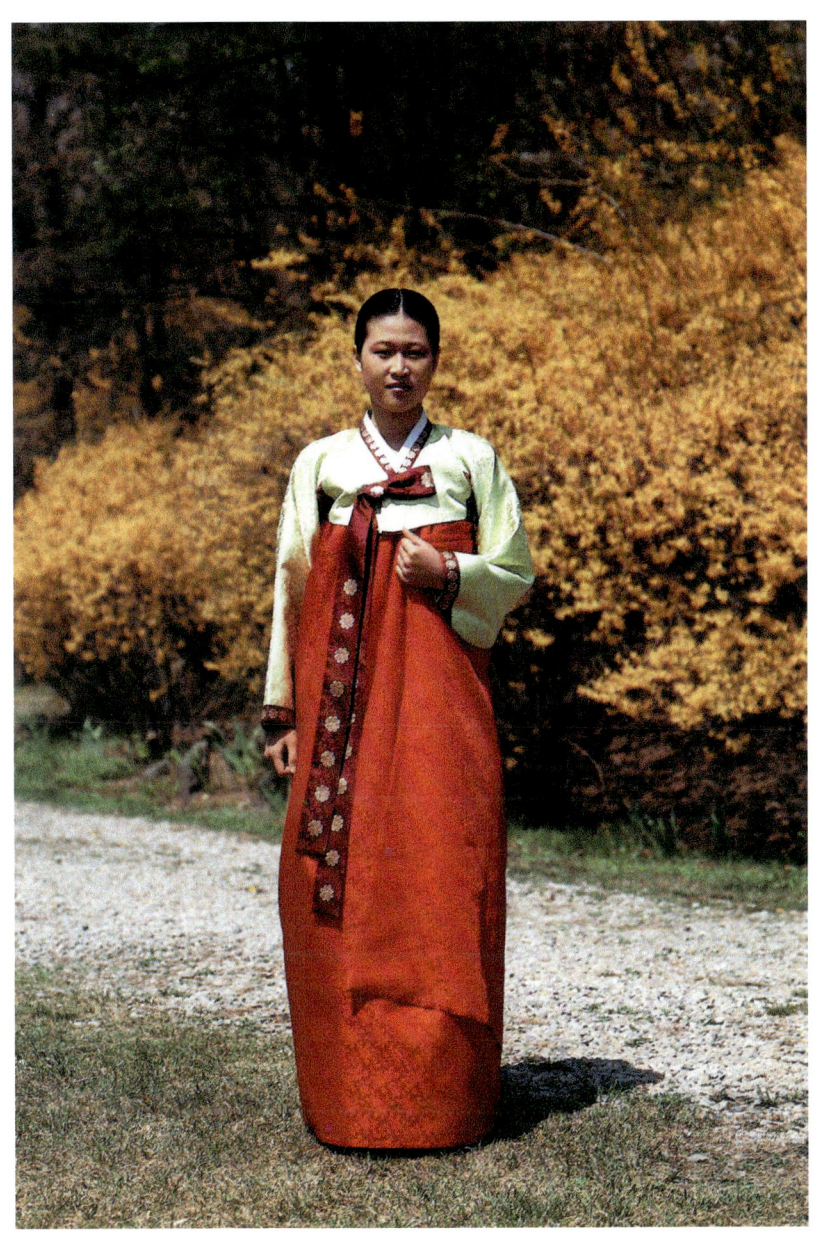

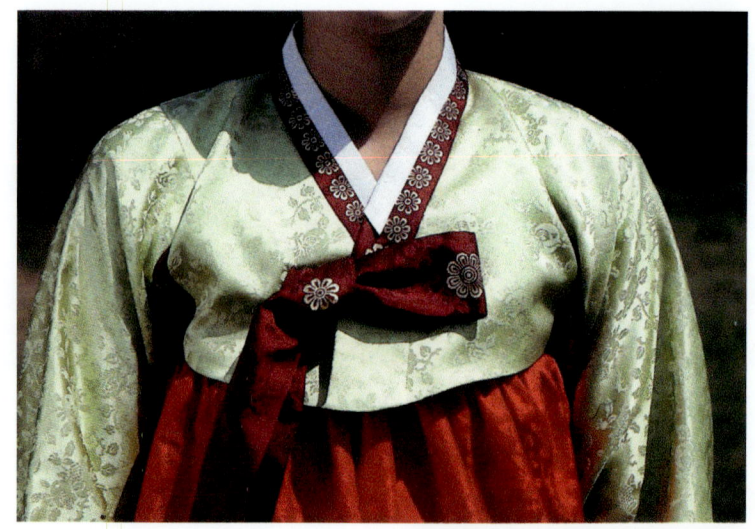

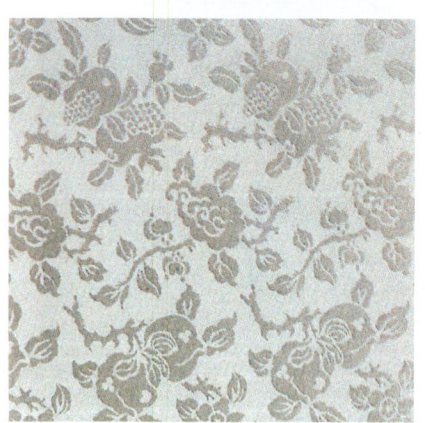

도류불수문단으로 지은 홍치마에 은행색 삼회장저고리를 잘 차려입은 원혜영 씨는 그 무늬의 뜻을 새기며 입어서 그런지는 몰라도 매무새가 썩 훌륭하다. (앞)

우리 저고리의 회장은 조그맣게 지어야 더욱 멋이 난다. 조그만 곁마기, 나부죽하고 된 깃, 짧고 좁은 고름이 어울릴 적에 비로소 한복의 단아한 아름다움이 살아난다. (위)

백년 전쯤에 쓰인 도류불수문단을 서울 종로의 한 주단집에서 다시 재현해 냈다. 복숭아는 장수를, 석류는 사내아이의 다산을, 불수는 이승과 저승에서 복이 있기를 비는 마음을 뜻한다고 한다. (아래 왼쪽, 오른쪽)

원혜영 씨가 입은 은행색 삼회장저고리의 금박은 국화꽃을 반복한 무늬이다. 회장을 댄 곳에 곧 고름, 끝동, 곁마기와 깃에―깃까지가 삼회장에 포함되기는 일정 시대부터였다.―한 줄로 찍었다. 요즈음은 흔히 저고리의 깃·고름·끝동·곁마기·도련에 금박을 찍고, 치마 밑단에는 마치 스란단에―스란단이란 대례복 치마 밑단에 덧붙이는 금박이나 은박을 찍은 한 단을 일컫는다.―금박을 찍듯이 제 천에 30센티미터쯤 되는 높이로 금박을 찍기도 한다. 그러나 금박은 너무 반짝거려 많이 찍으면 찍을수록 그 멋이 감소된다 할 수 있다. 곧 희소성이 있을 적에 귀한 가치가 있고 태도 더 빛나듯이 금박이 좋다고 해서 치마저고리 곳곳에 박으면 지나치게 화려하고 야해서 한복의 품격을 떨어뜨리고 만다. 그러니 치마는 말고 저고리의 회장, 곧 고름·끝동·곁마기와 깃에 드문드문 찍으면 단정하면서도 어문 맛이 있는 전통 금박의 멋이 산다.

원혜영 씨가 입은 삼회장저고리의 곁마기는 크기가 겨드랑이에 파묻혀 살짝 보일 만큼이다. 우리 저고리의 회장은 크게 지을 때보다는 조그맣게 지을 적에 더욱 멋이 난다. 조그만 곁마기, 넓지 않은 끝동, 나부죽하고 된 깃, 짧고 좁은 고름일 적에 한복의 도타운 멋이 비로소 나타난다.

도류불수문단 홍치마에 은행색 삼회장저고리를 잘 차려입은 원혜영 씨는 그 무늬의 뜻을 새기며 입어서 그런지는 몰라도 매무새가 아주 훌륭하다.

김씨 부인의 **가을 옷차림**

　김정묵 할머니는 요새 사람들은 모르는 옷 지어 입는 살뜰한 재미를 알고 있다. 옷감의 빛깔이나 무늬를 고르고 그 감으로 옷을 지어 나들이 때나 집안의 큰일 때나 여느 날이나 그에 꼭 알맞게 챙겨 입고 여태껏 살아왔다.

　구한말 때까지 도시에 사는 넉넉한 집안 여자들이 즐기던 고급 옷감은 쇠덕석처럼 두꺼워서 만지면 서걱서걱 소리가 나는 중국에서 들여온 비단이었다. 그러나 일본 제국주의 시대부터는 비단이 주로 일본에서 들어왔으니, 중국 비단보다는 대체로 얇은 경도 양단이 그것이다. 중국이나 일본 비단이 손에 미치지 않거나 그보다는 더 순박한 옷차림을 즐기는 아낙들은 그들대로 맘에 드는 옷감을 만들어 냈다. 우리나라의 농촌에서 짠 천을―이를테면 가을에는 손명주를 떠다가―풀이나 꽃, 치자 같은 열매의 물을 써서 자연스럽게 물을 들이는 것이다. 반드시 살림이 풍족하지 못해서가 아니라 흰 감에 고운 물을 들여 남편이며 자식들에게 옷 해 입히는 재미만으로도 곧잘 물들이는 일을 했다.

　요사이 길에서 보게 되는 여자들의 한복에는 김정묵 할머니의 옷매무새에 고스란히 남아 있는 한복 본래의 멋이 올바로 배어 있지 않다.

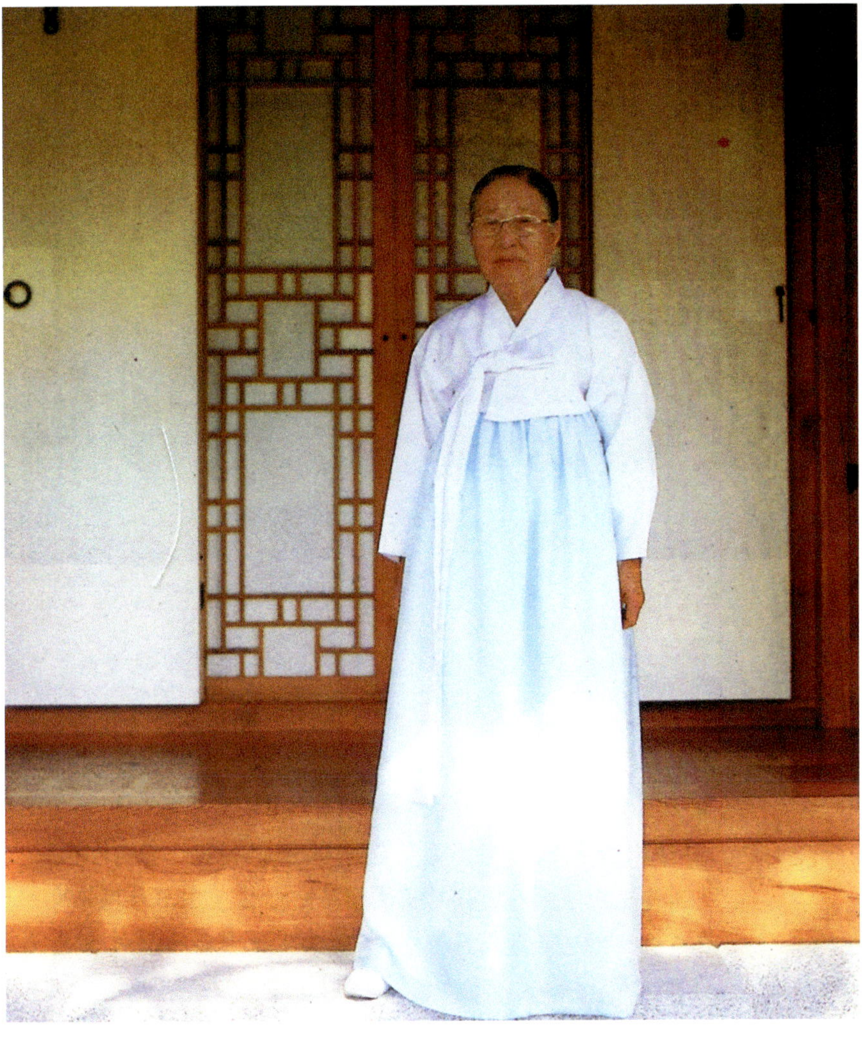

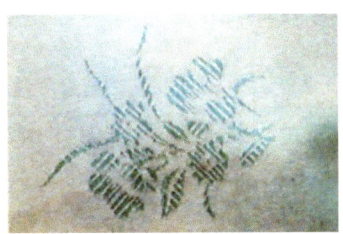

자미사로 지은 옥색 치마에 흰 저고리를 조촐하게 차려입은
김정묵 할머니　가을은 자미사로 한 옷이 알맞은 철이다.
가을이 좀 더 깊어지면 국사에 솜을 두어 입거나 무명이나
옥양목으로 겹저고리를 지어 입어도 좋다. (위)

자미사 고운 결에 잔잔히 수놓인 꽃무늬　한복은 감이 무늬
가 두드러져 보이지 않아야 품위 있다. (왼쪽)

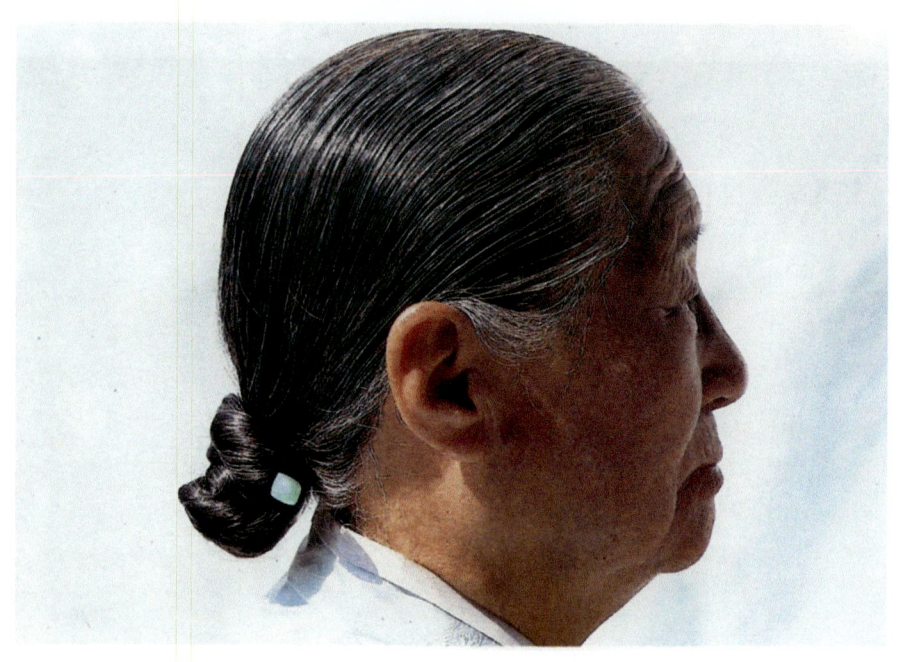

이를테면 회장은 격에 맞지 않는 빛깔의 옷감으로 울긋불긋 대었고, 도련이나 배래의 선도 전통 한복에서 벗어나 과장되어 있다. 김 할머니의 옷차림새를 현대 여성들이 본받아야 할 표준으로 삼고 현대 여자 한복의 이런 여러 흠을 한번 살펴보자.

치마는 아예 마름질할 때 아랫부분을 넓게 마르기 때문에 서양 드레스 모양으로 뻗치기만 한다. 심지어 그 깔때기 엎어 놓은 꼴의 서양 치마 모양을 강조하기 위해 안에 페티코트를 받쳐 입기까지 한다. 그러나 한복 치마의 멋은, 밑부분은 얌전히 오므라져 휘감기고 허리는 보기 좋게 구비구비 주름 잡아 부풀린 항아리 모양에 있다. 마름질은 각 폭을 직사각형으로 그대로 놔두고 하였으며, 때로 주름을 많이 주어 좀 더 풍성한 모양을 내고 싶으면 한 폭을 더 내고 잔주름을 잡았지 지금처럼 처음부터 아래를 넓게 마르는 법이 없다.

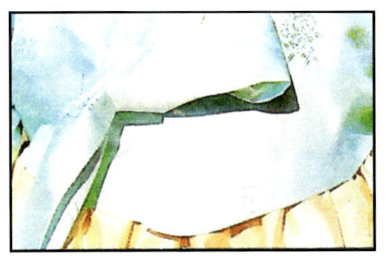

동정 달린 반듯한 깃 매무새를 오롯이 드러내기로는 쪽 찐 머리를 따를 것이 없다. 요새 사람들도 쪽은 못 찔망정 곱슬곱슬한 파마머리가 깃 위를 어지러이 넘실거리지는 않게 조심할 일이다. (왼쪽)

곱게 여민 할머니의 옷고름 고를 알맞게 궁글려 고름을 맬 줄 아는 처녀가 얼마나 될까? (오른쪽 위)

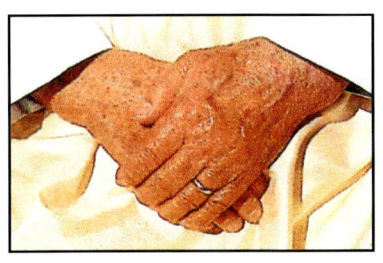

간략히 세공한 은가락지는 한복 차림에 썩 어울리는 장신구이다. (오른쪽 아래)

저고리로 말하면, 우선 깃이 자리를 잘 잡아야 하는데 예로부터 한복 깃은 되게 단 것이 제대로 된 것이다. 깃이 되게 여겨지지 않으면 동정이 가슴팍으로 내려오게 되고 도련도 따라 내려오게 된다. 곧 저고리의 본 맵시는 된 것에 평도련, 칼배래기가 어우러짐에 있다. 풀어 말하면, 깃이 바투 달리고 도련은 둥글림이 거의 없이 배래기선으로 이어져서 펴놓고 보면 선의 흐름에 억지가 없다.

도련은 유행의 변천을 따라 여러 번 오르락내리락하다가 임진란 뒤로 저고리 길이가 날로 짧아져 갔다. 이처럼 짧아진 저고리를 요상하게 여겨 실학자 이익은 『성호사설』에서 "부녀의 짧은 저고리와 좁은 소매는 어떻게 해서 생긴 것인지 알 수 없으나 귀천에 통용하니 매우 한심한 노릇이다. 더구나 여름옷 홑적삼은 위로 돌돌 말려서 치마허리도 감추지 못하니 더욱 해괴하다."고 통탄했다. 조선 시대 말엽에는 도련이 배래기와 직선을 이룰 만큼 저고리 길이가 짧아져서 혜원의 풍속도에 담

뱃대를 물고 등장하는 여자들의 저고리를 살펴보면 저고리의 도련선이 젖가슴을 겨우 가릴 만큼까지 올라와 있다. 그러나 도련의 오르내림이 어느 선에 머물 때건 깃은 늘 바투 달려 있었지 요즈음 잘못 지어 잘못 입은 저고리처럼 가슴팍이 다 들여다보이도록 깃이 늦은 법은 없었다. 그러니까 저고리 깃이 마냥 늦어져 제대로 갖추어 입지도 못한 메리야스가 보일락말락 하거나 심지어는 여자라면 감추어야 할 젖무덤까지 훔쳐볼 수 있게 된 요새 저고리는 단단히 잘못된 것이다. 깃이 늦어지니 도련도 축 처져 저고리 본디의 소박하고 우아한 평도련은 찾을 길이 없고, 굳이 옛날 것에 견주자면 조개도련이랄 수도 있겠으나 그 나름의 맵시를 지닌 조개도련이란 이름에는 당치도 않다.

요즈음 한복 입기의 잘못을 짚어 가자면 속옷 이야기를 빠뜨릴 수 없다. 여자가 한복을 아름답게 입으려면 속옷을 제대로 갖추어 입어야 한다. 그래야만 한복의 참멋인 선의 흐름이 산다.

요즈음 사람들은 서양식 메리야스 내의를 입은 위에 그대로 저고리를 입는데, 이렇게 하면 소매 속이 텅 비어서 배래기선이 아름답게 서지 않는다. 그러나 조선 시대에는 겨울에 삼작 저고리를 갖추어 입는 것이 정장이었다. 삼작 저고리란 맨 속에 입는 속적삼, 그 위에 속저고리, 그리고 맨 위에 입는 웃저고리를 모두 합해 일컫는 말이다. 삼복더위에도 반드시 속적삼만은 받쳐 입었다. 속적삼은 홑겹을 바느질한 속옷으로, 모양은 저고리와 똑같으나 저고리보다 조금 작게 한 것이다. 겨울에는 이 속적삼 위에 겹으로 된 속저고리를 하나 더 갖추어 입었던 것이다.

치마 밑에 입어야 할 속옷은 다리속곳, 속속곳, 바지, 단속곳 들로서 이 가운데는 이젠 김 할머니의 치마 밑에서도 볼 수 없는 것도 있다. 이 밖에도 저고리를 짧게 입을 때는 저고리 속이 보일까 봐 허리띠─치마끈을 일컫지 않음─를 매어 저고리와 치마 사이의 겨드랑 밑을 곱게 가렸다.

　이와 같은 여러 겹의 치마 밑 속옷말고도 정장을 할 때는 더러 단속곳 위에 '너른 바지'라는 것을 입는 수도 있었고, '무지기 치마'라는 것을 입는 수도 있었다. 무지기 치마는 조선식 페티코트라고 할 수 있는 것이었다. 그러나 근래에 이런 여러 치마 밑 속옷이 단순화됨과 함께 '속치마'라는 옷이 새로 생겼고, 치마 자체는 안감을 띤 겹치마가 되었다. 치마 밑에 챙겨 입던 이 여러 가지 속옷 가운데 아직도 한복을 입으려면 꼭 찾아 입는 것이 바지이다. 속에는 딱 붙는 양식 내의를 입었거나 말거나 적어도 그것도 전통식으로 풍성한 바지만은 입어야 겉옷의 꾸밈새가 더 풍성해 보인다. 그러나 그것만으로는 다 껴입은 속옷들이 받쳐 주던 치마의 다소곳한 부풀림에는 도저히 못 미친다.

　김 할머니의 귀띔에 따르면, 가을은 자미사로 지은 옷이 알맞은 철이다. 가을이 좀 더 깊어지면 국사에 솜을 두어 입거나 무명이나 옥양목으로 겹저고리를 지어 입으면 좋고, 겨울엔 모본단이나 뉴똥이 따뜻하다. 그러나 철이 바뀌어 바람이 차질 때 갈색 모직으로 투피스를 해 입을 작정을 하는 사람은 많아도 자미사 고운 감을 한감 끊어 바느질집에서 옷 마련을 하는 사람은 이제 드물다. 한복이란 추석이나 설에, 그리고 여학생들이라면 사은회 때 한바탕 멋 내기 위해 주단집이나 신식 한복집에서 '유행'이라고 하여 권하는 반짝거리는 감에다가 흉배니 금박이니 박아서 한번 해 입으면 그만이라고 여기기 때문이다. 그래서 한복은 갈수록 미친 옷이 되어 가고 있고, 그 미친 꼴이 마치 우리의 전통에서 온양 오해되고 있다. 옛날처럼 손질이 번거로운 것도 아니요, 서양 옷을 맞출 때처럼 삯이 비싼 것도 아니요, 우리가 핑계 삼는 것만큼 불편한 옷도 아닌 치마저고리를 '아리랑 드레스'가 나오기 전의 맥락에 다시 접 붙일 수는 없을까?

이씨 부인의 **숙수견 치마저고리**

나이가 여든인 이씨 부인은 스무 살에 혼인하여 검은 머리를 쪽 쪄 올리고 나서 흰머리가 된 지금까지 예순 해 동안을 하루도 거름 없이 쪽 찌는 일로 하루를 시작한 노인이다. 마찬가지로 쪽 찐 머리에 어울리는 한복 차림으로 이제껏 지내와 그 차림이 오히려 편안하다고 믿는 이이다.

그가 옷 지어 입기 가장 좋아하는 빛깔은 은행색과 엷은 밤색이라고 한다. 그리고 가장 무난하기는 자주 고름 단 비둘기색 저고리와 치마라고 하지만, 스물여섯 해 전에 남편과 사별하고 나서는 남편이 살아 있음을 뜻하는 자주 고름은 떼어 내고 아들을 두었음을 뜻하는 남 끝동만 달아 옷을 지어 입는 한복의 법도를 지켰다. 그러자니 요란하지도 초라해 보이지도 않는 비둘기색이 가장 마음을 편케 하는 빛깔인지라 그 빛깔 옷을 많이 입게 되었다. 그러니 이씨 부인이 이번에 지어 입은 연분홍 저고리는 오랜만의 호사라 할 만하다. 연분홍 저고리와 비둘기색 치마 둘 다 천은 명주실로 잔잔한 무늬를 넣어 짠 숙수견이다. 명주실로 짠 천이라면 흔히들 공단, 양단처럼 귀에도 눈에도 그리 설지 않은 옷감들을 떠올리거나 그렇지 않으면 서양식으로 짠 보들보들하고 빛깔이 '세련된' 실크를 생각하기 쉽다. 그리고 실크는 무늬도 갖가지이고 빛깔도

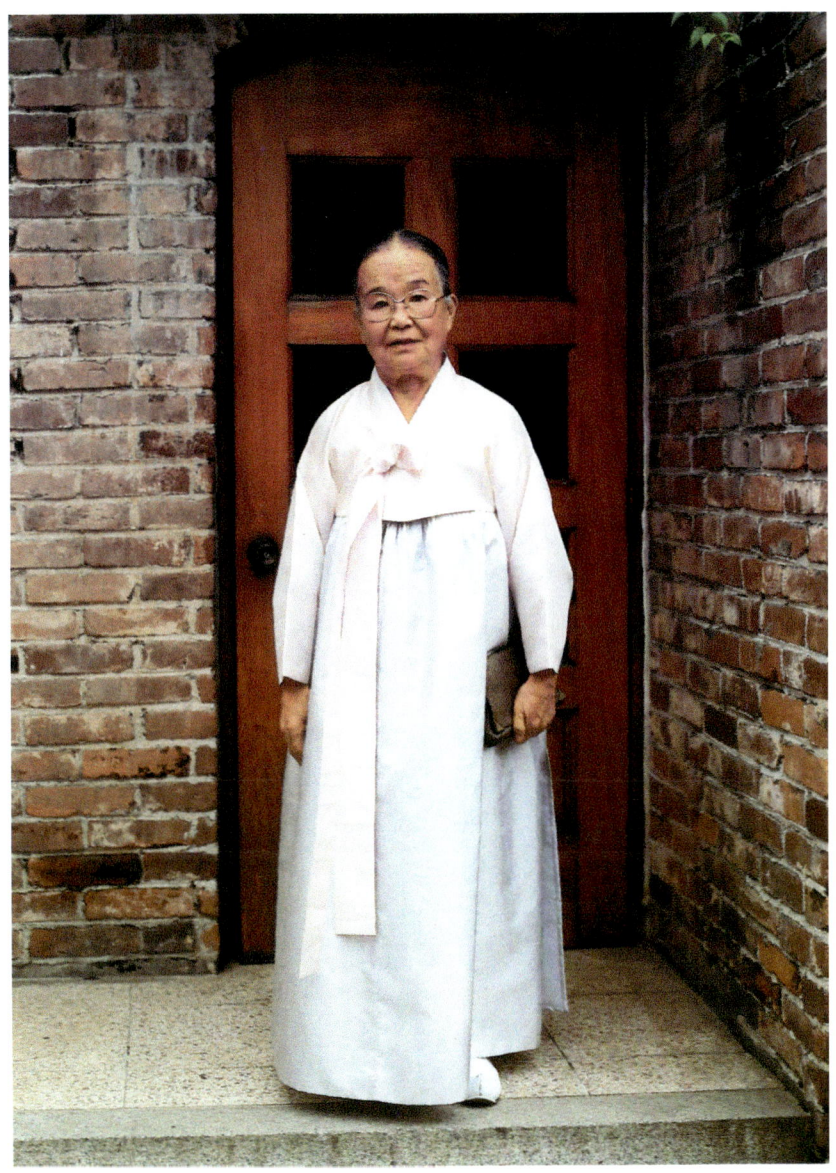

연분홍 저고리에 비둘기색 치마를 입은 이소득 부인　비둘기색은 요란스럽지도 초라
해 보이지도 않아 가장 마음을 편케 하는 빛깔이라고 말하는 이 부인에게 연분홍 저고
리는 참으로 오랜만의 호사다.

현란하여 블라우스라도 한벌 지어 입었으면 하고 옷 욕심을 부추기는 매력을 뽐는 천이라 여기지만, 비단은 그저 혼사 때나 건네주고 건네받는 요새 흔히 보이는 야한 옷감이라고 미리 짐작하여 저만치 두고 가까이 가지 않으려 한다.

숙수건이니 숙고사니 하는 이름의 머리에 붙은 '숙'이란 그 천이 생명주를 익혀 짠 옷감임을 뜻한다. 누에고치에서 뽑아낸 명주실을 써 베틀에서 짜낸 명주가 생명주이다. 이것은 빳빳하고 깔깔하여 늦봄과 초가을 옷 짓기에 적당한 천이다. 이를테면 생고사의 '생'이 그런 뜻에서 붙었다. 이 생명주나 생명주실을 잿물에 삶는 과정을 '익힌다'고 하며, 그 과정을 거쳐 익은 명주가 되면 부드러운 질감을 지녀 이맘때 입기 좋은 천이 된다.

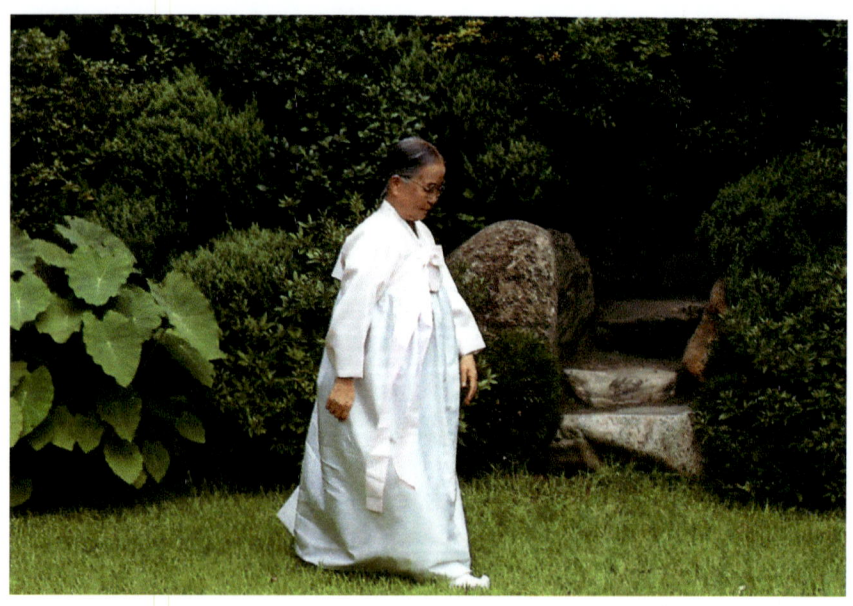

비단 가운데서도 '초', '사', '라'는 조직이 섬세하고 무늬가 들게 짠 천이라 염색을 한 뒤에 천을 짜느냐, 다 짜고 난 뒤에 염색하느냐에 따라 빛깔의 곱기가 달라진다. 명주실을 염색한 뒤에 천으로 짜는 것을 '선염'이라 하고, 천을 짠 뒤에 염색하는 것을 '후렴'이라 한다. 선염된 옷감의 빛깔 곱기가 후렴된 옷감의 곱기를 훨씬 앞지르기 때문에 값도 그만큼 차이가 난다. 이씨 부인이 끊은 천인 숙수견은 선염된 천이고, 숙고사는 숙수견과 똑같이 짰으나 나중에 염색한 천이다.

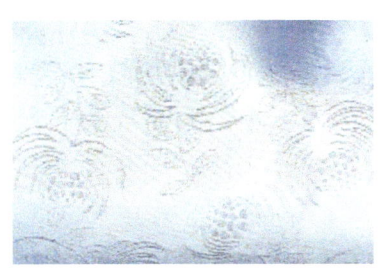 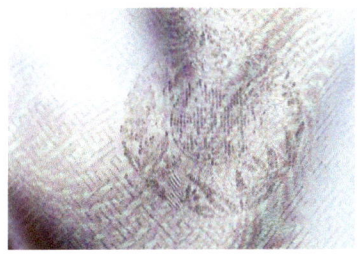

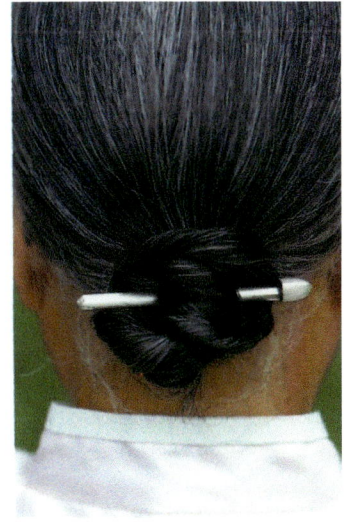

이씨 부인은 여든의 노인이지만 정정하여 끼니때마다 식구들 입맛대로 상 차리는 일을 비롯하여 집안 살림살이의 오른손 노릇을 하고 있다. (왼쪽)

위 왼쪽은 비둘기색 치마의 석류 무늬이고, 위 오른쪽은 분홍빛 저고리의 완자무늬이다. 예부터 석류는 '다산'을 비롯하여 상서로운 뜻을 품은 과실이라 하여 이렇게 옷 무늬로 잘 썼다.

스무 살 적부터 지금까지 예순 해 동안을 이씨 부인은 하루도 거름 없이 이렇게 쪽 찌는 일로 하루를 시작했다. 젊었던 시절에는 이쪽 찐 머리를 석류잠, 매화잠, 비취 비녀 따위로 단장하는 재미도 누렸다. (오른쪽 아래)

김정님 씨의 반회장 치마저고리

서울 영동에 사는 김정님 씨는 스무 해 가까이 꽃꽂이를 공부하고 가르쳐 온 40 중반의 부인이다. 가을에 입으려고 별러 새로 지은 반회장저고리와 치마 빛깔의 조화를 살펴보자. 저고리는 달걀노른자처럼 가라앉은 느낌을 주는 노란빛이다. 거기에 군청색 치마를 받쳐 입어 저고리 빛깔을 돋보이게 하였고, 깃·끝동·고름은 너무 밝지 않은 자주색으로 달았다.

회장저고리에도 예전에야 그 빛깔 선택에 격식이 있었으니, 이를테면 혼인한 부인은 남편이 세상을 뜨기 전까지 늘 저고리에 자주 고름을 달아 남편 있는 여자임의 상징으로 삼았고, 아들을 두었으면 그 상징으로 끝동을 남색으로 달았던 것이 그런 격식에 든다.

그러나 예전의 복식 예절이 그 옷 입은 이의 신분이나 처지를 한눈에 알 수 있도록 하는 역할을 한 것에 견주어 지금의 복식 예절은 그 의미가 많이 달라졌다. 그리하여 옷의 빛깔이나 모양은 입은 이의 취향이나 인품을 돋우거나 깎는 효과를 가지는 데 그치지 입을 이를 제약하는 규범은 될 수가 없어졌다.

한국 복식사를 연구하는 이경자 씨의 의견은 이러했다. 회장저고리

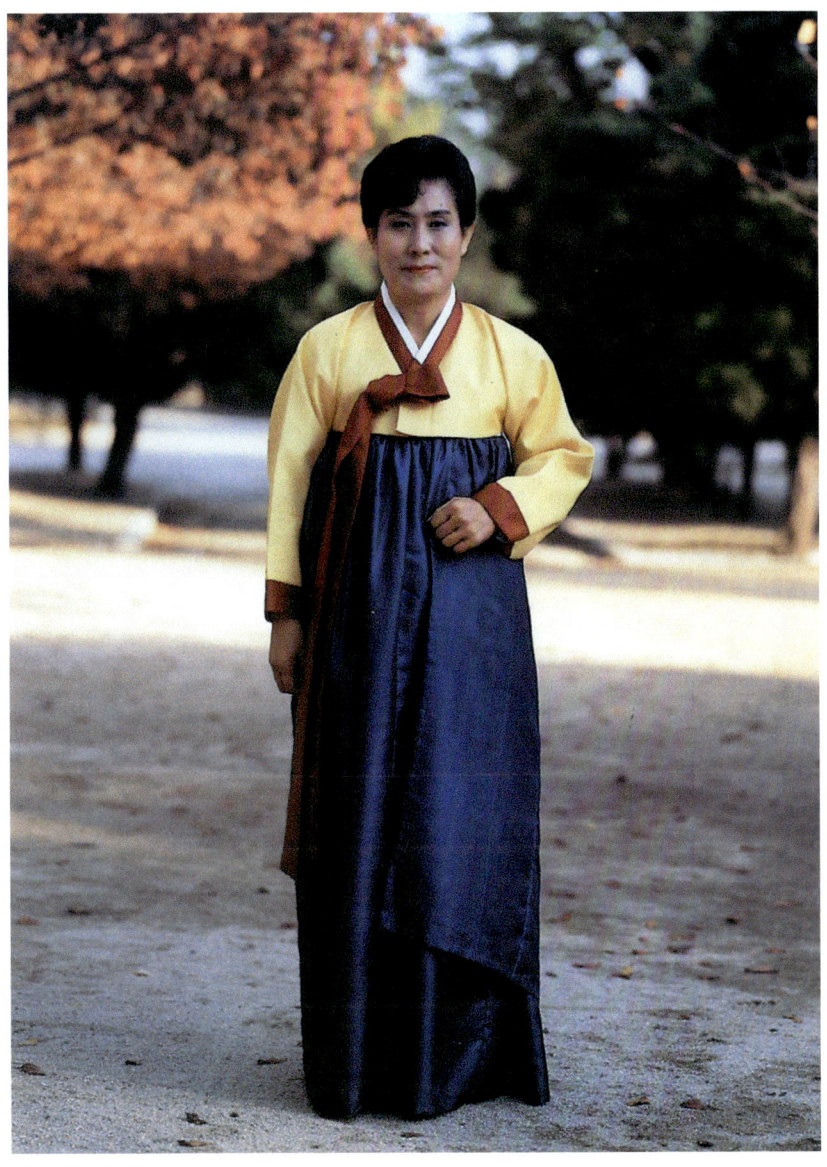

꽃꽂이 연구가인 김정님 씨가 가을에 입으려고 새로 지은 반회장 치마저고리이다. 저
고리는 가라앉은 느낌을 주는 노란빛이다. 거기에 군청색 치마를 받쳐 입어 저고리 빛
깔을 돋보이게 하였고, 깃·끝동·고름은 너무 밝지 않은 자주색으로 달았다.

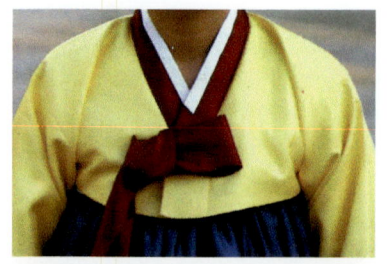

단속곳과 바지는 가슴께를 나비가 넓은 말기로 감싸 여미게 되어 있어 가슴을 야무지게 단속하여 주니 그 위에 입은 저고리 섶이 한결 단정하게 놓였다. 저고리 안에도 명주로 속적삼을 지어 받쳐 입었다. (위, 아래)

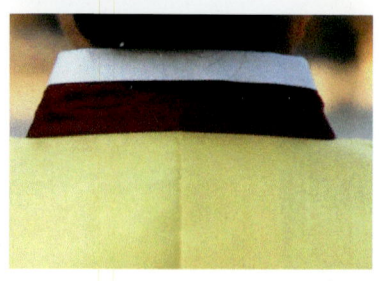

를 꼭 어느 때에 어떤 계층만 입었나를 따져 그대로 좇는 것은 현대에 와서는 의미가 없는 일이다. 다만 선조들을 새겨 생각하고 거기에 입을 이의 주관을 더해 옷을 짓도록 하자는 것이다. 그는 옷의 균형을 헤아린 색감을 풀어 설명하기 위해 김씨 부인이 입은 옷과 같은 반회장저고리에 곁마기를 댄 삼회장저고리를 보기로 들었다. 곧 예부터 가장 대표적인 삼회장저고리 빛깔은 송화색이나 연두색 저고리에 검자주 삼회장을 친 것이니, 검자주 곁마기가 등이 좀 넓은 사람도 품이 좁아 보이게 하는 효과를 내주어서 한복 전체의 상박하후한 맵시를 돋보이게 한다는 것이다. 그런 지혜를 빌어 삼회장저고리는 길보다 곁마기를 가라앉은 빛깔로 하는 원칙을 따르되 저마다의 기호를 살려 옷을 지을 수 있을 것이다.

　이번에 김씨 부인이 지은 반회장저고리와 치마는 예부터 부인들이 가장 무난하게 널리 지어 입던 빛깔 셋을 그대로 따라 지은 옷이

이번에 반회장 치마저고리를 전통식대
로 지어 입게 된 것을 인연으로 김씨 부
인은 앞으로도 내내 단순한 한복 품위를
지키는 데 유념할 것이라고 했다.

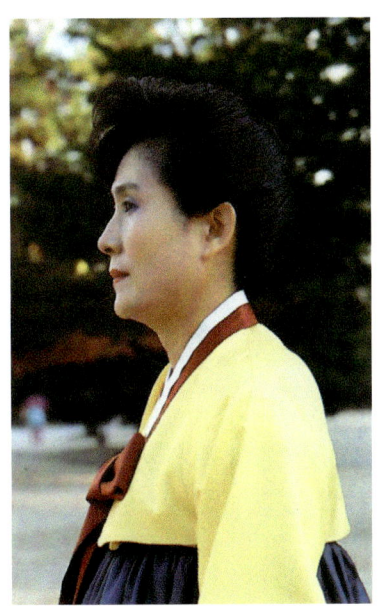

다. 요사이에는 흔히들 반회장저고리 지을 적에 치마와 같은 빛깔로
고름·깃·끝동을 달아 짓길 잘 하나(이것을 '치마 빛깔의 저고리 침범'으
로 보고 아름답지 못한 현상으로 보는 이들이 많기도 하다.), 기왕이면 고
름·깃·끝동 감은 치마와는 다른 빛깔로 끊어 서로 어우러지게 하는 것
이 회장저고리가 본디 지닌 멋을 지키는 길이다. 방금도 말했거니와 삼
회장저고리를 지으려 하거나 반회장저고리를 지으려 하거나 이제는 옷
입을 이의 빛깔에 대한 취향이 좀 자유롭게 반영됨을 그리 탓할 것이 없
겠으나, 다만 빛깔 셋이 한데 모일 때 싸우지 않아야 하는 만큼 되도록
얌전하게 가라앉은 빛깔 셋을 골라야 함은 최소한의 규범으로 따라야
할 일이다.

　요새 치마 모양이 잘 빠진 항아리처럼 맵시가 나지 않는 데는 안감 넣

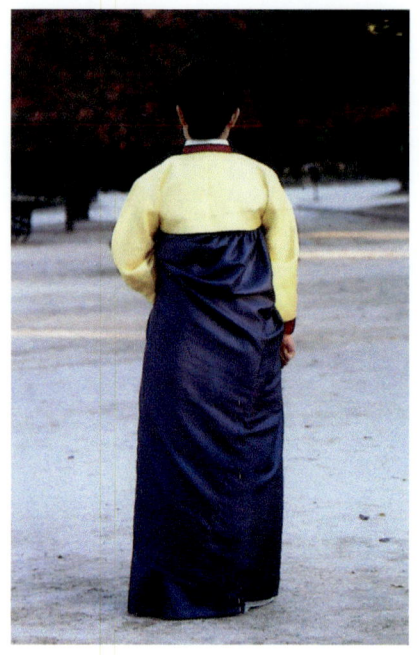

요새 한복 치마 모양이 잘 빠진 항아리처럼 맵시가 나지 않는 데는 안감 넣은 치맛자락 탓도 크다. 홑치마를 지어 그 안에 단속곳과 바지를 갖추어 받쳐 입으니 치맛자락이 말을 잘 들어 모양이 보기 좋다. 김씨 부인도 인조 속치마와 페티코트 대신에 단속곳과 바지를 지어 입어 보고는 친구들에게 전통 속옷가지 짓기를 권했다고 한다.

은 치맛자락 탓도 크다. 홑치맛자락을 살짝 치켜들면 치마 모양이 자연스럽게 허리께는 볼록하고 발치는 휘감기는 모양이 되나 겹치맛자락으로는 그런 모양을 낼 수 없다. 게다가 그 안에 인조로 지은 속치마를 입으면 치맛자락과 속치맛자락이 서로 이리 쏠리고 저리 쏠리고 하여 멋진 치마 맵시가 나질 않는다.

바지와 단속곳은 가슴께를 나비가 넓은 말기로 감싸 여미게 되어 있어 치마 맵시뿐만이 아니라 저고리 맵시도 내준다. 요사이 부인들이 간편한 방법으로 한복을 입을 때 흔히 속치마의 허리를 질끈 졸라 옷핀으로 고정시키는 것으로 가슴 단속을 끝내는데, 그렇게 하면 저고리의 가슴께가 아무래도 들리고 섶이 단정치 못하다. 그에 견주어 말기로 차근차근 동여매면 저고리 맵시가 한결 단정하다.

김소연 씨의 자주 저고리와 남 치마

　흔히 저고리는 색깔이 치마보다 옅어야 한다고 생각해 온 요즈음 젊은이들이 김소연 씨가 입은 자주 저고리와 남 치마를 접하는 순간에 문득 깨닫는 것이 있을 듯하다. 어릴 적 기억 속에 간직된 동네에서 마주친 나들이하는 몸가짐 점잖은 부인들이 입었던 저고리, 그러나 이제는 잊힌 지 오래된 바로 그 자주 저고리 때문이겠다.

　"본디 자주 저고리는 일정 시대를 거쳐 해방 무렵에 지어 입기 시작했다."고 서울 종로의 한 비단 가게에서 서른 해가 넘게 비단과 함께 살아온 한 노인은 말한다. 그러나 아무나 쉽게 그 저고리를 지어 입었던 것은 아니었다. 자주 고름이 남편이 있음을 뜻하는 것이니, 남편이 살아 있는 삼사십 대의 부인들이 옷치레할 적에 장만했던 저고리였다고 한다. 그즈음에 자주색은 해주자주와 먹자주로 구분했다. 해주자주는 김소연 씨가 입은 자주 저고리와 같은 밝은 자주색이고, 먹자주는 검은색이 많이 섞인 어두운 자주색이었다. 부인들은 나이가 들어감에 따라 밝은 자주에서 검은색이 많이 든 자주로 점차로 옮아가며 자주 저고리를 지어 입었다고 한다.

　자주색은 왕색이라 한다. 황색은 이른바 중국 천자의 색이라고 여겨

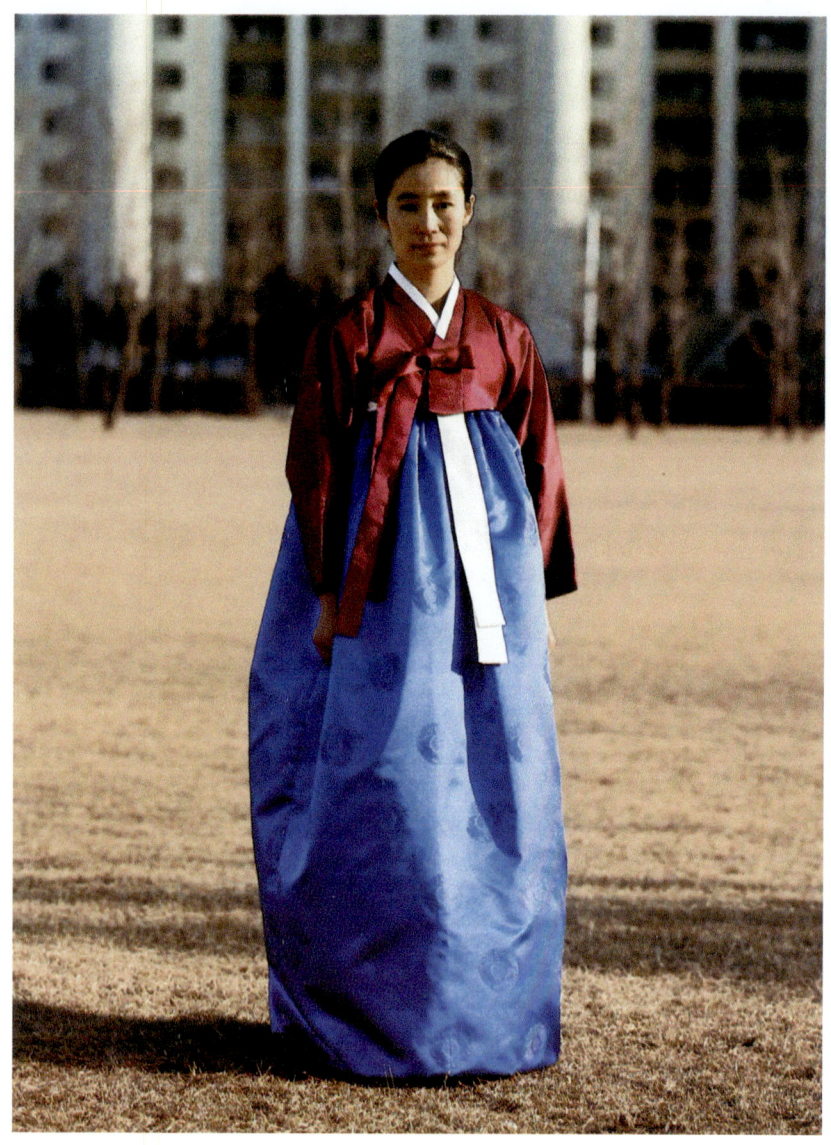

자주 저고리는 아무나 쉽게 지어 입을 수 있었던 옷이 아니었다. 남편이 살아 있는 삼사십 대의 부인들이 옷치례할 적에 장만했던 저고리였다. 자주 저고리와 남 치마, 단정하게 늘어뜨린 치마허리 끈, 쪽머리를 한 김소연 씨의 맵시는 추위가 채 덜 가신 3월의 나들이에 알맞다.

우리나라에서는 피하고, 자주색을 임금의 옷 빛깔로 많이 썼다. 조선 시대에는 백성들이 옷에 자주색 쓰는 것을 금지했다. 곧 옷감 한 필에 자주색을 물들이려면 옷감 한 필 값이 더 들어야 해서 사치를 물리치는 것이 나라의 규칙이므로 규제했다고 한다. 그러나 "고려 자색은 천하제일"이라는 말도 내려오듯이 자주색은 규제를 받으면서도 민간에서 많이 애용돼 왔던 색이다.

김소연 씨가 지어 입은 자주 저고리를 보자. 한자로 '기쁠 희' 자 무늬가 둥글고 크게 놓여 있는 밝은 자주색 비단이다. 도톰한 깃과 명주 동정이 목을 잘 감싸주고, 짧고 좁은 고름이 단정하게 올라붙어 매어져 있다. 도련이 조개도련이어서 가슴께를 잘 덮어 준다.

저고리는 몸에 꼭 맞게 지어 입는 것이 좋다. 앞품이 헐렁하면 옷을 입고 난 뒤에 앞품에 주름이 생겨 저고리의 긴장감과 단정함이 깎이게 된다.

김소연 씨의 저고리 깃을 다시 보자. 흔히 느슨하고 좁은 요즈음 깃에 견주어 깃이 되고 넓어서 사람의 목을 꼼꼼하게 감싸고 있는 듯하여 치마저고리의 '상박하후'의 전통에 이어져 있으면서도 그 침착한 맛이 현대 감각에 어울린다. 그런데 이렇게 생각해 볼 수도 있다. 곧 "목이 긴 사람에게는 그 되고 넓은 것이 어울릴지 모르나 목이 짧은 사람은 그렇게 지어 입으면 더 목이 짧아 보여 어울리지 않을 터이니 깃을 좀 느슨하게 짓는 것이 어떠냐"고 말이다. 그러나 목이 짧은 사람도 저고리의 깃고대를 넉넉히 잡아 지으면 넓게 바투 지어 입은 것 때문에 목이 졸리는 듯한 모양이 되지 않을까 염려할 필요가 없겠다. 요즈음에 저고리의 깃이 좁아지고 느슨해지면서 깃고대를 좁게 잡지만, 깃고대를 좀 넉넉히 잡아 깃을 넓게 바투 지으면 목 길이에 관계없이 옷태가 난다. 요즈음 텔레비전 사극에 배우들이 입고 나오는 저고리를 보기로 들면 더욱

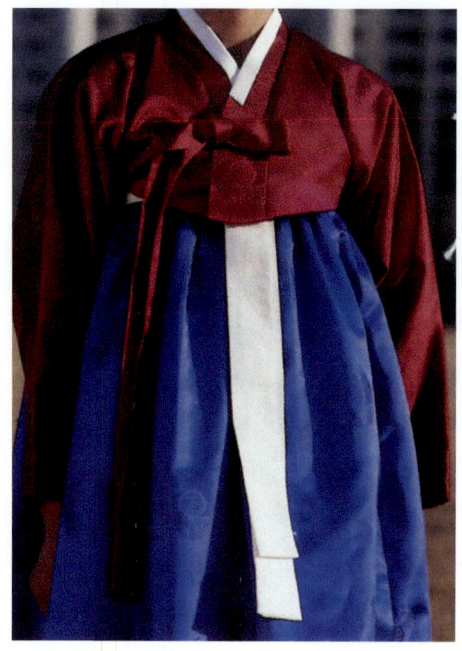

김소연 씨가 입은 치마는 치마 허리를 민허리로 하고, 끈을 길게 해서 허리에 두 번 돌려 매고 그 나머지를 저고리 밑으로 늘어뜨린 것이다. 그이의 치마 허리 끈은 두께로 보나 길이로 보나 천구백이삼십 년대쯤의 모양이다. 가슴 한가운데 도톰하게 놓여 있어 자주 저고리와 남 치마의 은근한 화려함에 뒷단속을 해 준다.

이해가 빠르겠다. 사극에서도 고증을 하느라고 해서 깃이 넓고 되다. 그러나 옷을 짓는 과정에서 깃고대를 넉넉히 잡아 주지 않아서 저고리가 뒤로 자꾸 자빠지고 저고리의 깃이 목을 조르는 듯한 모양이다. 곧 저고리 깃의 모양에는 깃고대의 역할이 매우 중요하다.

김소연 씨가 입은 남 치마는 저고릿감과 같은 무늬가 놓인 비단이다. 남색 치마는 다홍색, 분홍색의 치마와 함께 예복에 들었다.

치마허리는 민허리에서 조끼허리로 바뀌면서부터 치마허리의 끈이 저고리 속으로 숨어 버렸다. 조끼허리가 나오기 전까지는 치마허리의 끈을 가슴에 둘러매고 그 나머지를 저고리 밑으로 늘어뜨렸다고 한다. 김소연 씨가 입은 치마는 치마허리를 민허리로 하고, 끈을 길게 해서 허리에 두 번 돌려 매고 그 나머지를 저고리 밑으로 늘어뜨린 것이다. 노리끼리한 광목 치마허리 끈이 가슴 한가운데에 도톰하게 놓여 있어 자주 저고리와 남 치마의 은근한 화려함에 뒷단속을 해 준 듯이 간결해 보인다. 김소연 씨의 치마허리 끈은 두께로 보나 길이로 보나 천구백이삼십 년대쯤의 모양이다. 그전에는 더욱 그 길이가 길었고, 그 뒤로는 길이와 두께가 모두 짧고 좁아졌고, 치마의 조끼허리가 나오고 나서부터는 저고리 밑으로 흰 목자 치마허리 끈을 찾아볼 수 없게 되었다. 그런데 60년대에 들어와서 정체불명의 이른바 '눈물 고름'이란 것이 만들어졌다. 이 느닷없이 나온 눈물 고름은 60년대에 어느 한복 디자이너가 만들어 낸 것인데, 한복의 장식적인 효과를 보려고 그것을 따라 하는 요즈음의 한복 디자이너들은 그 고름을 "눈물을 흘릴 일이 많던 우리나라 여자들이 그것을 차고 다니며 눈물을 닦았다고 해서 그리 부른다."고 근거 없는 소리들을 한다. 치마허리에 딸린 끈도 아닌 흰 비단으로 끈을 길게 만들고 양쪽 끄트머리에 수를 놓아 치마허리에 걸쳐서 저고리 밑으로 늘어뜨리는 것이다. 그 뿌리를 굳이 찾자면 치마허리 끈에서 나왔다고 할까? 그러나 치마허리 끈은 여름이 아니면 늘 광목이나 무명으로 지었으니 저고리 밑으로 내려오는 끈 또한 비단에 수를 놓은 '눈물 고름'과는 달리 도톰하고 정다운 맛이 있다.

김소연 씨는 치마 속에 광목으로 지은 속바지와 단속곳을 받쳐 입었다. 치마를 지어 입을 적에도 요새는 주단집에서 감을 끊으러 온 이의 의사를 묻지도 않고 세 폭이 넘게 끊어 주니 미리 좁게 끊어 달라고 이르거나 바느질집에 맡겼을 때 다시 재서 가장 작은 폭으로 짓는 것이 좋다. 폭을 좁게 지어 입어야 속옷을 받쳐 입어도 그 공이 살고, 나들이할 직에 치마를 긴사하기도 쉽다.

쪽머리는 조선 시대 순조 중엽부터 나왔다고 한다. 얹은머리가 사치의 도를 지나쳐 목뼈가 부러질 정도로 무겁게 다래를 올리는 것이 유행

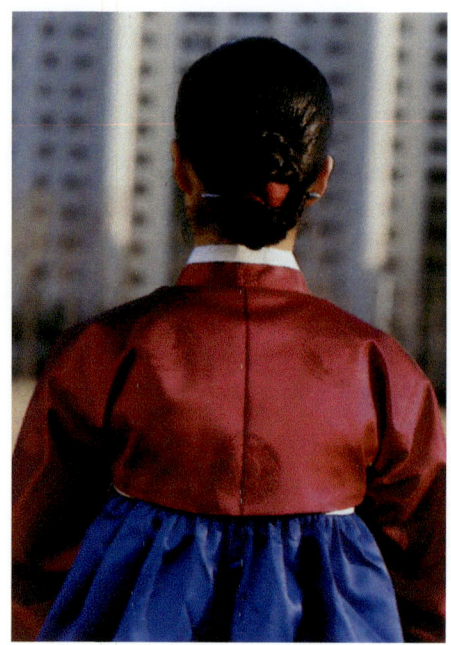

김소연 씨가 꽂은 비녀는 백통 비녀이다. 그이의 남편이 구해 다 준 것인데 그 나이는 적어도 90년쯤은 된 것이라고 한다. 저 고리 밑으로 광목 치마허리가 살짝 엿보인다.

하니, 정조 때 얹은머리를 못하게 하는 '부녀 발제 개혁'을 단행한 뒤로 는 쪽머리가 머리 습속을 이끌어 왔다. 검은색, 자주색의 쪽댕기를 드렸 다. 그러나 상을 당하면 흰색 쪽댕기를 드렸다 한다.

김소연 씨가 꽂은 비녀는 백통 비녀이다. 그이의 남편이 구해다 준 것 인데 나이가 적어도 아흔 해쯤이 되었다고 한다. 비녀의 재료로는 금, 은, 비취, 산호, 진주, 옥, 백통, 파란(칠보), 대나무, 박달나무, 쇠뿔, 뼈 들 을 썼다. 비녀의 길이 또한 다양했으니 보통 여염집 여자들은 긴 것보다 는 자신의 머리 너비가 넘지 않는 비녀를 꽂았다고 한다.

자주 저고리와 남 치마, 단정하게 늘어뜨린 광목 치마허리 끈, 쪽머리 를 한 김소연 씨의 맵시는 추위가 채 덜 가신 3월의 나들이에 꼭 알맞다 고 하겠다.

김윤숙 씨의 국사 치마저고리

안동이 고향인 스물세 살 난 김윤숙 씨가 길을 걸어가면 사람들이 한 번씩 쳐다보고 간다. 고름 단 한복 저고리에 통치마를 입고 긴 머리를 얌전히 빗어 넘겨 댕기 드리듯이 천으로 묶고 다녀서 그런다.

그에게는 봄가을에 입는 한복 한 벌, 여름에 입는 한복 한 벌이 있다. 두 벌 다 그냥 물에 빨아 입으면 되고, 바쁠 때는 다림질도 걸러도 되게 손질 까다롭지 않은 천으로 지었다. 치마는 허리 주름 나비를 넓게 접은 통치마이고 길이가 전통 한복 치마보다 두 뼘 남짓 짧다. 저고리의 고름도 치마 길이에 맞추어 좀 짧게 달았다.

제 스스로 편하게 지은 통치마와 저고리를 평상복으로 입는 김윤숙 씨는 요번에 봄, 가을에 두루 입으려고 전통을 고대로 따른 치마저고리를 한 벌 지었다. 천은 숙고사에 드는 국사이다. 국사는 4월에 입기에 적당하고, 여름 나고 추석 때에 다시 입어도 좋다.

요새는 한복감도 빛깔이 아쉽지가 않아 천연염료로 들이지는 않았으나 화학 염료를 명주실에 곱게 들인(선염한) 국사천이 열댓 가지나 나와 있다. 거기에서 짙은 쑥색 천을 치맛감으로, 밝은 귤색 천을 저고릿감으로 골랐다.

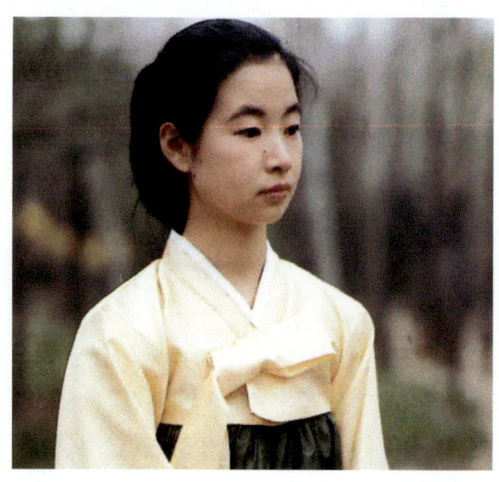

김윤숙 씨는 생머리에 통치마를 입고 다니기 좋아하는 처녀이다.

 김윤숙 씨의 저고리는 특히 동정과 도련을 공들여 지은 옷이다. 요새 흔히 시장에서 파는 동정은 폭이 매우 좁고 끝이 날카로운 데다가 푸릇 푸릇하게 형광빛이 돈다. 그런 동정에 견주어 김윤숙 씨의 저고리에 단 동정은 누릇누릇한 기운이 있고 날카롭지가 않음을 잘 눈여겨 살펴보면 알 수 있다. 이 동정은 자미사에 한지를 배접하여 만든 동정이다. 사다 쓰는 동정에 길든 눈으로 얼핏 보면 그만큼 반반하지가 못해 보이나 파 는 동정보다 훨씬 따뜻한 느낌으로 저고리를 살려준다.

 도련은 조개도련이다. 조개도련이란 도련의 섶 쪽을 약간 둥글게 모 양낸 도련을 말한다. 조개도련의 맵시는 깃이 늦어서 도련까지 따라서 처진 요새 저고리 모양과는 다르다. 깃은 단정히 바투 여며졌고 도련만 살짝 둥글려 평도련과 다른 멋을 낸 것이다.

 김윤숙 씨는 이번에 새로 지은 옛날식 치마저고리도 무척 마음에 들 어 하나 자기식대로 편하게 지어 몸에 길들인 통치마와 저고리를 아무

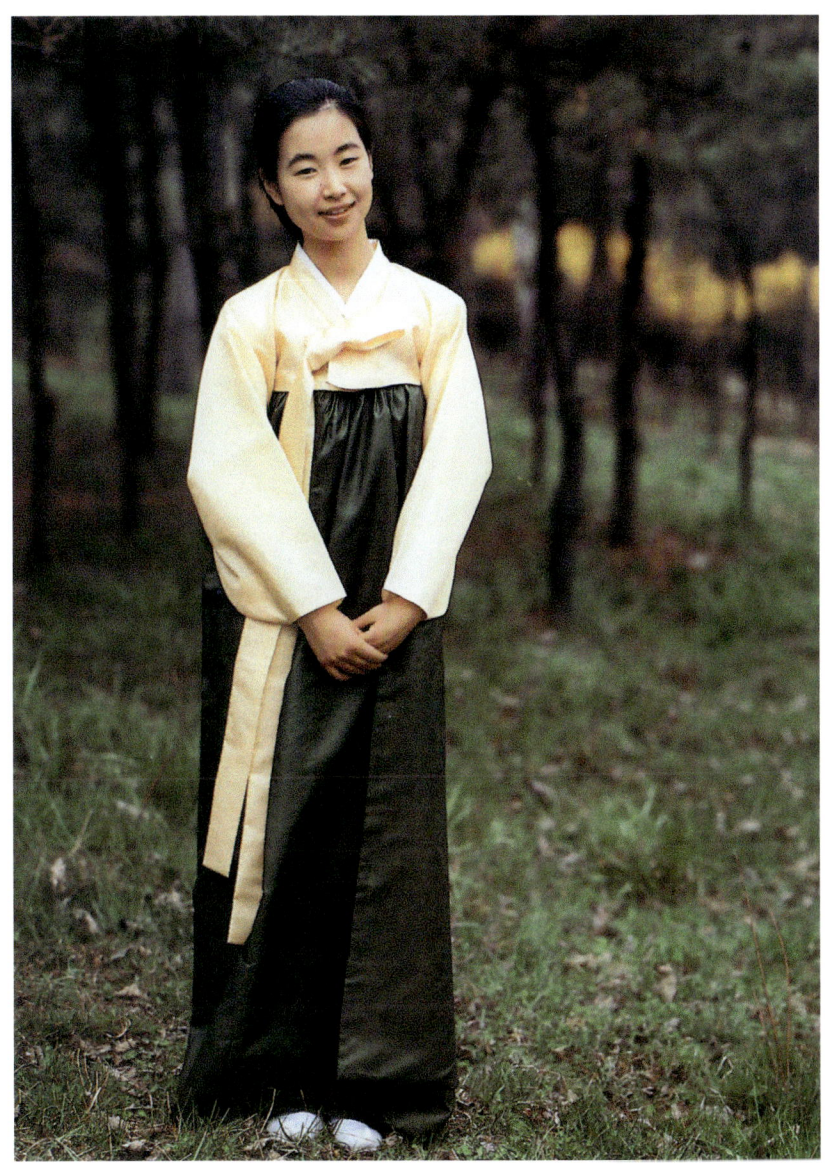

김윤숙 씨가 전통을 고대로 따라 새로 지은 치마저고리이다. 천은 숙고사에 드는 국사
이다. 국사는 봄, 가을에 두루 입기 좋은 천이니 4월에 입고 개어 넣어 두었다가 추석
빔으로 입으면 좋다.

래도 더 자주 입게 될 듯하다고 했다. 고무신 코가 보일 듯 말 듯 찰랑찰
랑한 한복 치마는 더없이 아름다운 우리 옷의 멋을 풍기기는 하나, 계단
오르내리며 일 보는 그의 하루를 생각하면 짧은 통치마가 만만할 수밖
에 없겠다. 또 파티복으로 변형된 '드레스' 같은 요새 한복에 견주면 활
동에 편리할 만큼만 고친 그의 한복이 전통에서 덜 멀다.

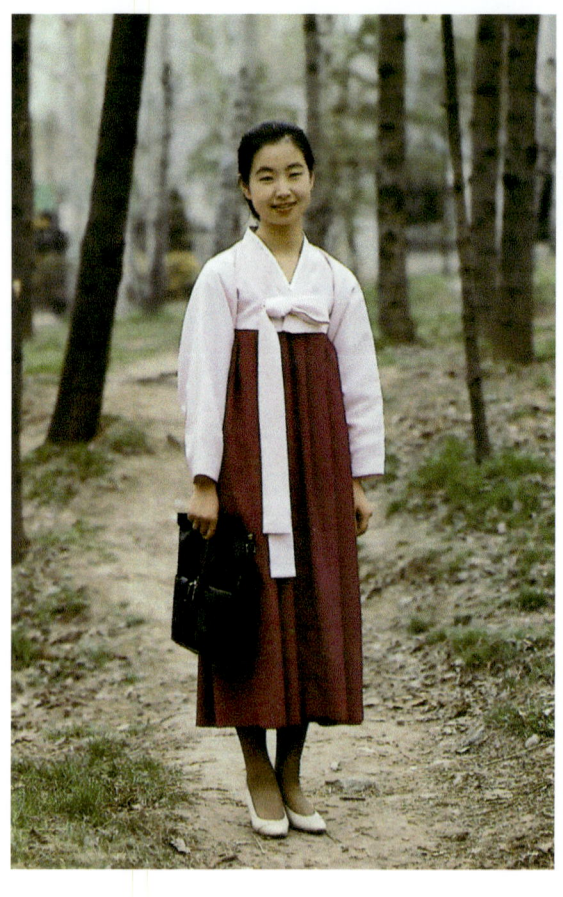

김윤숙 씨가 스스로 편하게
지어 평상복으로 입는 통치마
와 저고리이다. 늘 물에 그냥
빨아 입고, 바쁠 때는 다림질
도 걸러도 되게 손질 까다롭
지 않은 천으로 지었다. 치마
가 전통 한복 치마보다 두 뼘
남짓 짧고, 고름도 치마 길이
에 맞추어 좀 짧게 달았다.

유동하 씨의 초가을 치마저고리

유동하 씨는 한여름 무더위가 가시고 나면 입을 셈으로 한복 치마저고리를 한 벌 맞추었다.

우선 그 천을 살펴보자. 치마와 저고릿감이 같은 천으로, 반쯤 익힌 명주실로 짠 은조사이다. 이 천이 그가 찾아간 포목점에는 마흔 가지쯤 되는 빛깔로 갖추어져 있었다. 그중에서 유동하 씨가 고른 빛깔이 짙은 쑥색과 흰색이다.

이번에 천을 끊으러 가기 전에 한번 곰곰이 생각해 보았다. 한복감을 끊으러 가서는, 평소에 어쩌다가 양장 기성복을 고를 적에나 양장 옷감을 고를 적에 자기 취향을 앞세워 고집스럽게 마음에 맞는 빛깔을 찾아내는 것과는 딴판으로 "한복 치마저고리는 빛깔을 이렇게 저렇게 맞추어야 좋다."는 파는 이의 도식적인 조언을 너무 유순하게 따랐던 것이 아닐까 하는 생각이 들었다. 그래서 그는 집을 나서면서 마음먹기를 '내 마음에 맞는 빛깔, 내 마음에 편한 빛깔의 천을 골라야지.' 했다.

그리고 포목점에 긴 그가 치음에 마음에 들이 고론 빛깔로 치미를 지을 요량으로 거기에 어울릴 저고리 빛깔을 고르자니 흰색이 되었다. 거기에 자줏빛깔로 고름과 끝동을 달아 반회장저고리로 지으려고 회장감

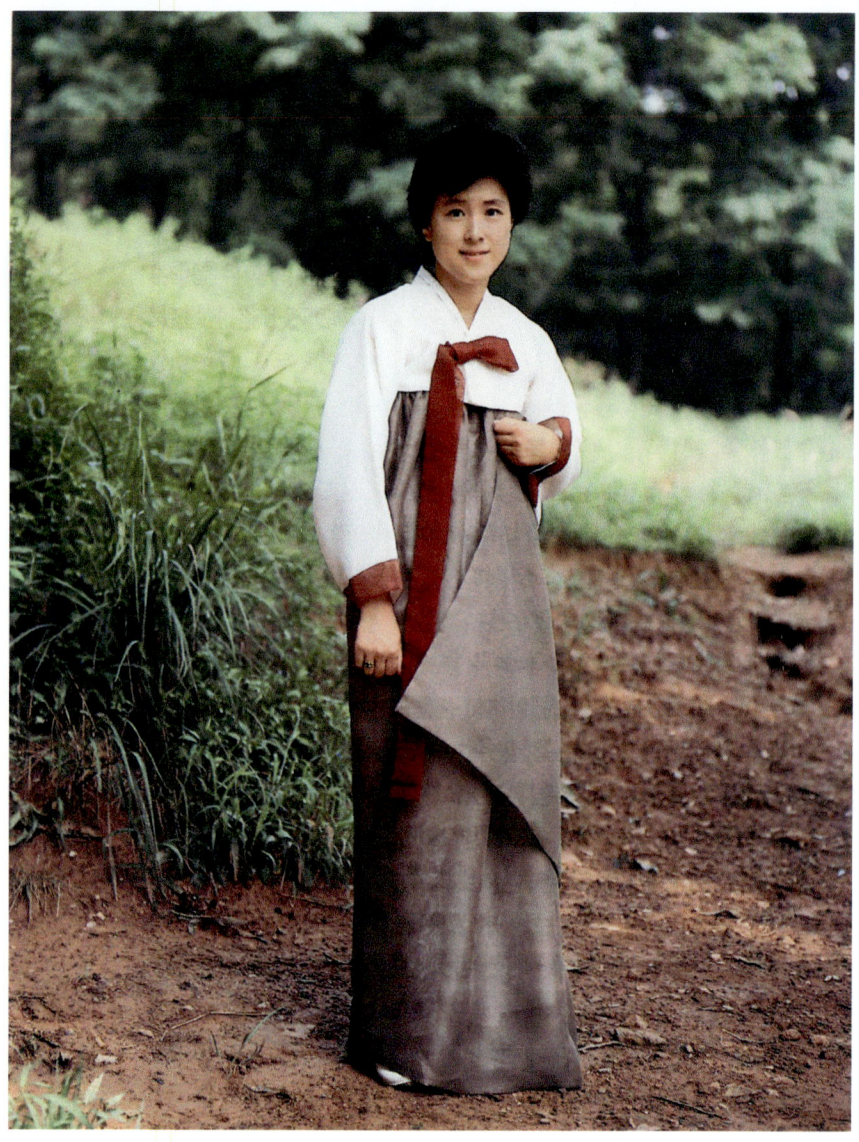

옥양목으로 단속곳을 지어 받쳐 입으니 치마 매무새가 인조 속치마 입을 적보다 한결 좋아졌다.

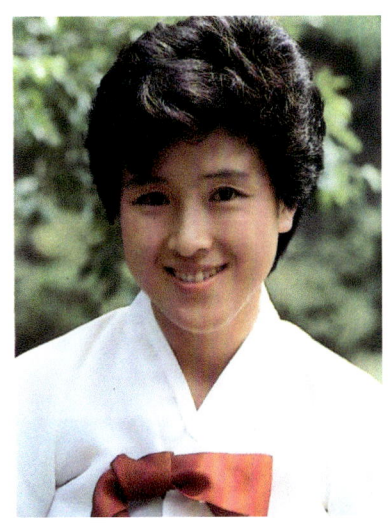

은조사 겹저고리를 입은 유동하 씨

을 따로 끊었다.

유동하 씨의 천 끊은 이야기는 샛노랑이나 톡 쏘는 듯한 꽃분홍, 좀 천하게 밝은 연두색처럼 블라우스를 지어 입을 마음이었다면 결코 고르지 않았을 빛깔의 천들을 선뜻 끊어다가 한복을 짓고는 막상 입고 길에 나서 보고야 후회를 한 경험이 있는 가정 부인들이 참고로 삼을 만하다.

유동하 씨의 치마저고리는 은조사 겹저고리이다. 겹저고리라도 한여름에 입을 옷을 깨끼 바느질을 하여야 하나 이 옷은 초가을까지 입을 생각이므로 안감('싱'이라고 부른다.)을 넣어 물겹저고리로 지었다.

치마 밑에는 옥양목으로 단속곳을 지어 받쳐 입었다.

전통 속옷을 잘 갖추어 입자면 다리속곳에서 시작해서 속속곳, 고쟁이, 단속곳, 거기다가 더 잘 갖추자면 너른 바지까지를 모두 갖추어 입어야 하겠으나 약식으로 단속곳만을 받쳐 입었다. 제대로 다 갖추어 입는다면 그보다 더 좋을 수 없겠지만 우선 속치마 입기를 그만두기 위해서,

단속곳 하나만이라도 지어 입어 보는 것이 전통 속옷을 제대로 하나둘 갖추어 입을 준비를 시작하는 의미에서 바람직하다. 단속곳 하나 입는 속옷 갖춤법이 아무리 전통에 어긋난다손 치더라도 말기로 가슴께가 정리되고 치마를 풍성하고 힘 있게 받쳐 주는 점에서 인조 속치마 하나 입은 것에 견줄 바는 아니다.

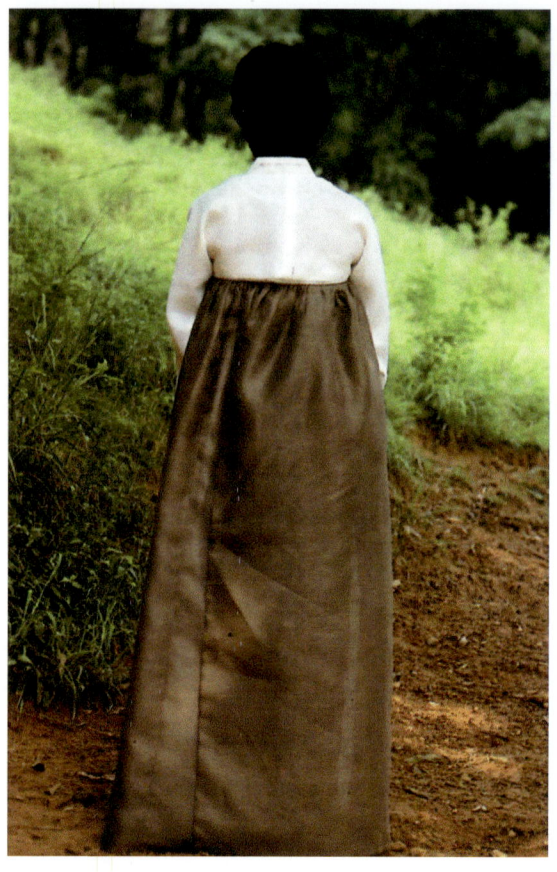

저고리의 흰색과 치마의 쑥색이 잘 어울린다.

손명숙 씨의 자미사 치마저고리

요즈음 삼사십 대 부인들로 봄가을에 입을 수 있는 한복을 가지고 있는 이가 얼마나 될까?

갓 시집와서는 다홍 치마에 연두 저고리를 입고 한 달쯤을 지내다가 그 뒤로는 한복 지어 입기보다는 실용적이라는 구실을 달아 양장 해 입기를 늘 즐기게 되고, 해마다 바뀌는 뉴 모드라는 양장의 모양새를 앞서 가지는 못하더라도 남들에게 얕잡아 뵈지 않을 만큼 쫓아가기에도 힘겨워하니, 그 와중에서 한복 해 입을 여력이 없는 것이 요즈음 삼사십 대 부인들의 대개의 속내이다. 그래서 때로는 겨울에 입는 한복 한 벌을 가지고 설이나 추석이나 조상 제사 때나 구별 없이 전천후로 몇 해씩을 입기도 한다.

시어머니에게 이따금 한복을 입을 적마다 "한복 입은 태가 곱다."는 말을 듣곤 하던 손씨 부인도 마찬가지로 시집올 적에 지어온 한복 옷장 속에 가두어 놓고 명절 때나 꺼내어 입는 옷쯤으로 어거왔다. 그러다가 지난여름 시어머니 칠순 잔치에 여름 한복을 지어 입고 보니 한복 입은 모습에 자신이 생겨 봄가을 한복도 지어 입을 욕심이 났다고 한다.

감은 공장에서 명주실로 짠 자미사이다. 다행히 그 자미사는 예전 자미사의 촉감과 무늬를 재현한 것이다. 그것을 끊어 온 주단집 주인의 말에 따르면 자미사는 원형이 아마도 80년 전쯤에 중국이나 일본에서 들어온 자미사일 듯하다고 한다.

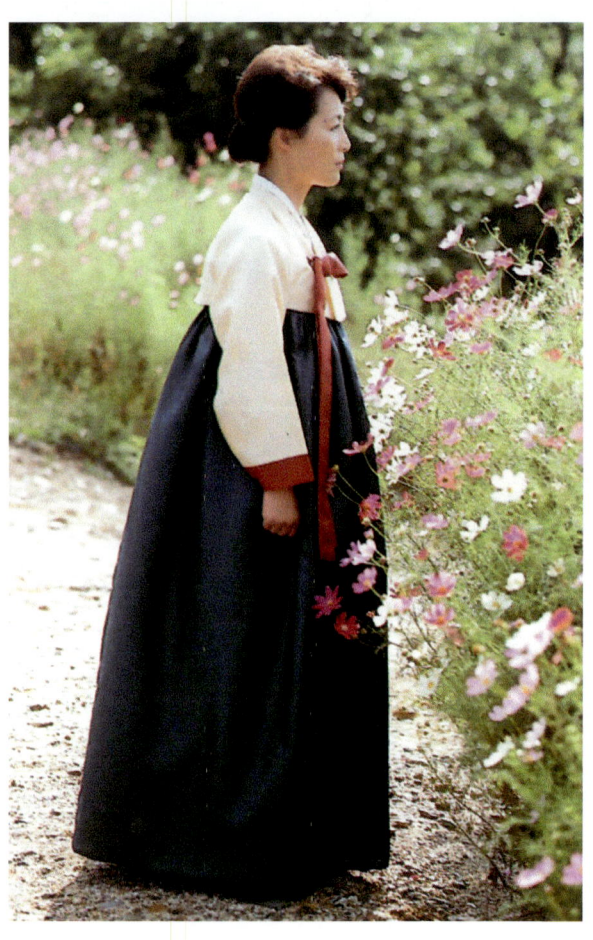

본디 여자의 속옷은 다리속곳, 속속곳, 바지, 단속곳 차례로 입어야 치마가 가슴께부터 부풀린, 마치 종을 엎어 놓은 듯한 모양이 된다. 손씨 부인은 옥양목으로 지은 바지와 단속곳만 갖춰 입었다. 그렇게만 갖추어 입어도 치마의 맵시는 전통적인 항아리 모양이 된다. (왼쪽)

자미사로 지은 송화색 저고리에 푸른색 치마를 입고 코스모스가 한들거리는 통일로 근처 가을 들녘에 선 서울 장위동에 사는 손명숙 부인 (오른쪽)

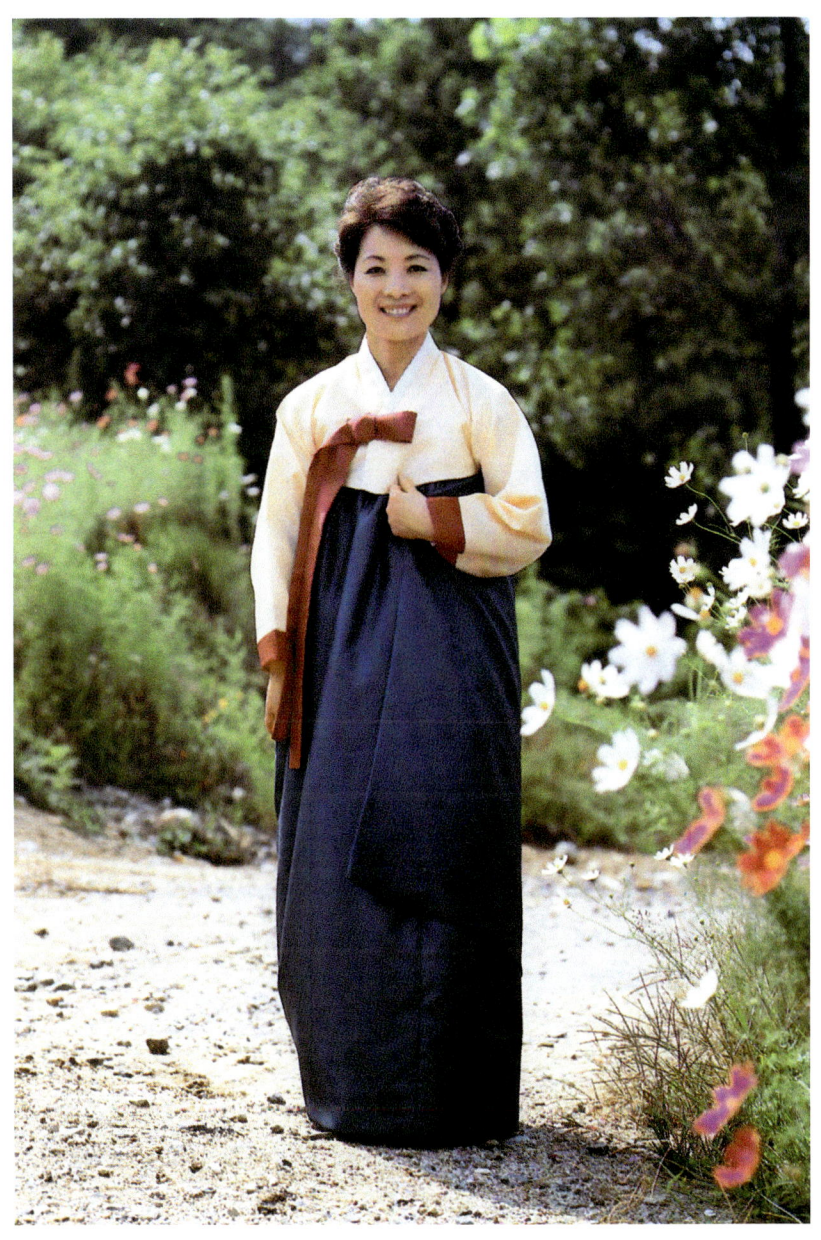

자미사는 봄과 가을에 입기에 적당하다. '익힌' 숙사 계통이라 보들보들하고 얇아 흔히 '실크'라고 부르는 요즈음 비단과 촉감은 같으나 광택이 실크와는 달리 거의 없다. 직조는 평직이다. 흔히 자미사로 한복을 지어 입었던 할머니들의 말에 따르면 자미사로 지어 놓은 옷은, 진솔은 고상하고 좋으나 한 번 빨면 오그랑오그랑거려 다림질을 꼼꼼히 해야 그 구김살이 펴지고 보들보들한 감촉이 산다고 한다. 그러나 그것은 비단을 물빨래해 입던 시절의 얘기다. 드라이클리닝을 하면 그런 걱정은 크게 줄어든다.

예전에는 비단에 흔히 동물, 식물, 자연, 글자 들을 본뜬 무늬를 놓았다. 그런 무늬에 나오는 동물로는 용·봉황·학·박쥐·나비 들이 단골이었고, 식물로는 국화·난초·매화·대·모란·포도 들이 자주 선보였다. 손씨 부인이 지어 입은 자미사 한복에는 박쥐무늬가 놓여 있다.

흔히들 주단집에 가서 천을 고를 적에 양장 천으로는 차분하고 눈에 순하게 들어오는 천을 즐겨 고르던 이들도 평소보다는 조금은 화려하고 차분하기보다는 달뜬 색을 고르게 되는데, 그것은 아마도 주단집에 갖추어져 있는 천 색의 주류가 화려하고 달뜬 색이기 때문인 듯하다. 주단집에 가서 손씨 부인처럼 노란색이라도 송화색에 가까운 저고릿감을 고르고 푸른색이라도 짙은 쪽색에 가까운 푸른색 치맛감을 고를라 하면 송화색보다는 화려하게 보이는 주황색을, 짙은 푸른색보다는 밝은 푸른색을 은근히 권하기도 한다.

손씨 부인은 봄에도 어울리고 가을에도 곧잘 어울리는 색인 송화색 저고리와 짙은 색이 나는 푸른색 치마에 자주색 고름과 자주색 끝동을 달았다. 손씨 부인은 "늘 자유롭게 놓아두던 가슴께를 갑자기 졸라매어 얼핏 느끼기에 좀 답답한 듯도 하나 이렇게 입어야 옷태가 나고 곱군요." 한다.

황성례 씨의 **봄 치마저고리**

올해 스물한 살인 황성례 씨가 4월을 맞으며 한복 치마저고리를 한 벌 지어 입었다. 천은 치마는 감색 관사이고 저고리는 연분홍색 능견이며, 두 천에 각각 구름과 석류·기쁠 희 자 같은 전통 무늬가 잔잔하게 들어 있다. 저고리에는 숙고사로 안감을 넣었고, 치마는 홑치마이다. 치마 안에는 흰색 목공단으로 지은 단속곳과 바지를 갖추어 입었다. 또 저고리에는 무늬 없는 먹자줏빛 능견으로 끝동을 대고 고름을 달았다.

황성례 씨의 저고리 고름은 그 폭이 좁고 길이가 짧다. 그리고 그렇게 지어 단 고름을 맬 적에도 두툼하지 않게 좀 더 질끈 매어 고름만 도드라져 보이지 않도록 했다.

황성례 씨가 입은 치마저고리는 얼핏 보기에 입은 이의 나이에 견줄 때 그 빛깔이 요즈음 젊은 처자들의 옷 빛깔 수준으로는 너무 침착하다 싶다. 그러나 한창인 나이니만큼 옷 빛깔의 찬란함을 빌리지 않았어도 입은 이의 옷맵시가 오히려 산뜻하게 돋보이며, 황성례 씨가 고른 천의 빛깔들이 바로 예전에 젊은 처자들이 봄에 즐겨 입던 옷차림의 보편스러운 빛깔들에 들기도 하다.

사실 근래에 유행하는 반짝이다 못해 형광빛으로 현란한 한복 빛깔

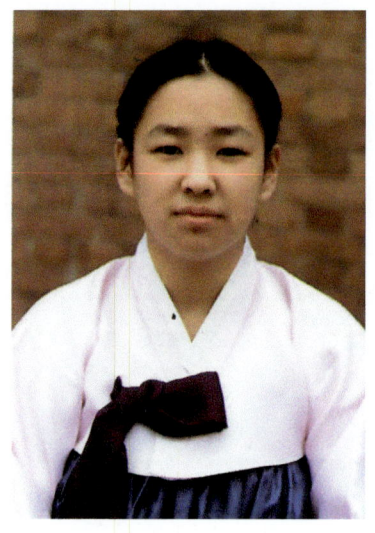

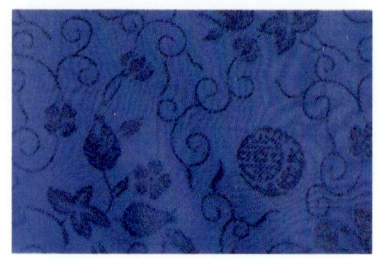

황성례 씨는 남들이 흔히 하듯이 머리를 꼬불꼬불하게 '볶지' 않았다. 그 생머리를 땋
거나 묶고 다닌다. 한복을 입는 날은 꼭 머리를 땋아 한복 맵시만큼 머리 모양도 단정
하게 한다. (왼쪽)

오른쪽 위는 저고리를 지은 천인 연분홍색 능견이고, 오른쪽 아래는 치마를 지은 천인
감색 관사이다. 천을 한 번 만져 보았으면 할 이를 위해 아주 가까이에서 찍었다.

은 한국인의 색상에 대한 감각을 망가뜨려 왔다고 볼 수 있다. 그뿐만이
아니라 '한복은 현란한 옷'이라는 잘못된 고정관념을 우리에게 심어 놓
았다고 볼 수 있다. 그렇게 볼 때, 황성례 씨의 치마저고리 빛깔은 잘못
된 고정관념으로 한복을 대하는 이들의 눈길을 새로이 끌어당기는 한
요소가 된다고 할 만하다.

적어도 머리를 지지지 않고 땋기를 고집해 온 황 씨가 이 옷을 지어
입고 고향 해남에 가면 그 부모에게서 귀염을 받을 것은 어쩌면 당연하
겠다. 해남은 우리가 머리 치렁치렁 땋은 처녀들의 그 유명한 강강술래
의 고장으로 다들 알듯이, 전통의 아름다움들이 꽤 많이 남아 있는 고을
이니 말이다.

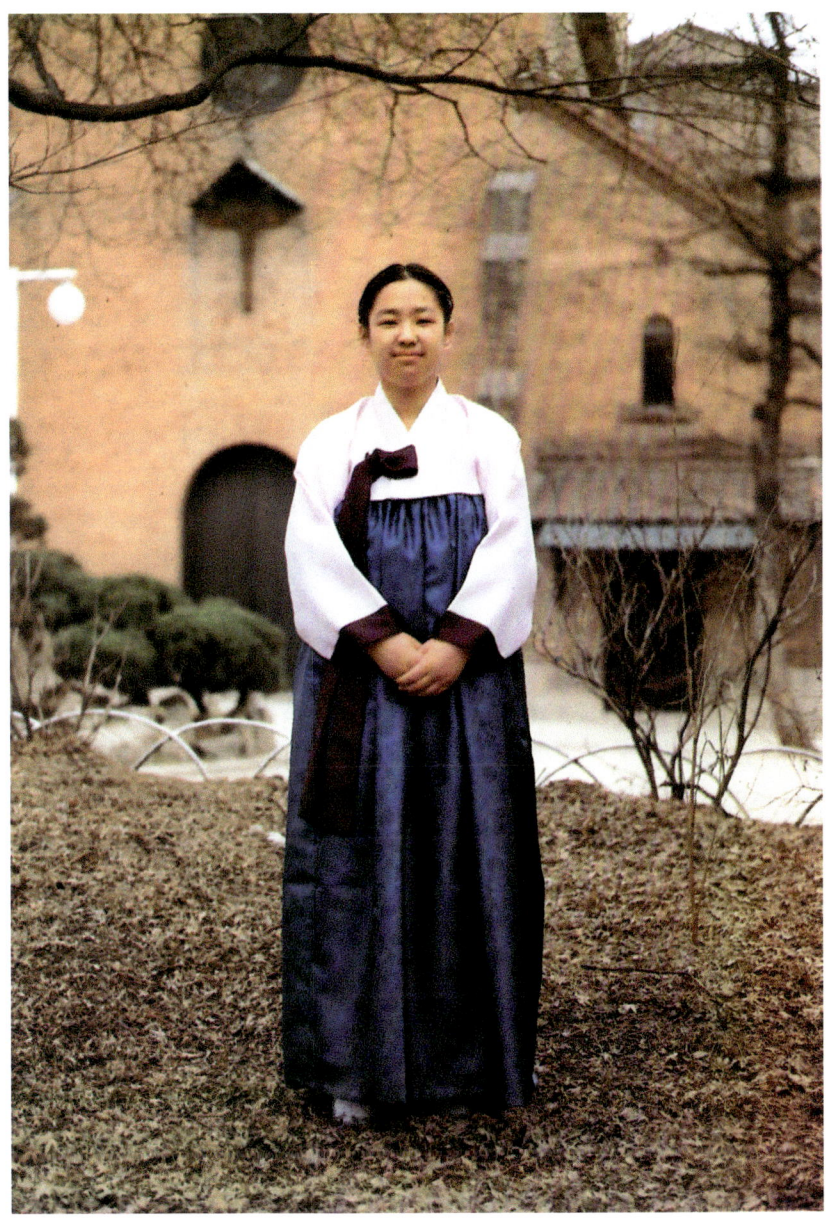

머리를 단정하게 빗고 치마저고리를 차려입은 황성례 씨

이설호 씨의 **봄 치마저고리**

경기도 원당에 사는 이설호 씨는 여느 때에도 즐겨 한복을 입는 이다. 혼인하기 전부터 통치마와 저고리를 여러 벌 갖추어서 입고 다녀 버릇했고, 요즘에도 기회가 닿을 때마다 한복을 입어서 그가 다니는 회사의 동료들은 그의 한복 입은 모습을 심심치 않게 본다.

이번에 해 입은 옷은 물들인 무명으로 지었다. 저고리는 송화색에 가까운 옅은 노란색이고, 치마는 쪽물을 들인 듯한 짙은 남색이다. 혼인한 지 갓 한 해를 넘겼을 뿐이어서 그런지 이렇게 차려입은 그이에게서는 '새댁 같다'는 느낌이 물씬 난다.

무명은 우리에게 친근한 천이다. 옛날에 이 나라 아낙네들은 손수 물레로 자은 올을 '날고' '매고' 하여 베틀에 올려 짠 천에다 마음에 드는 색을 물들여 옷을 해 입었다. 쪽물은 옅게 들이면 옥색이 되고, 짙게 들이면 남색이 되었다. 잇꽃으로 물을 내어 들이면 분홍빛이 났고, 치자 열매로는 노란색을 냈다.

저고리는 소색 무명 안감을 넣고 안팎 두 겹을 박아 지은 박이겹저고리이다. 천이 무명이니 물빨래하기 쉬우라고 그렇게 지었다. 집에서 빨아 너무 꼭 짜지 말고 툭툭 털어 물기를 빼고는 꾸덕꾸덕하게 말랐을 때

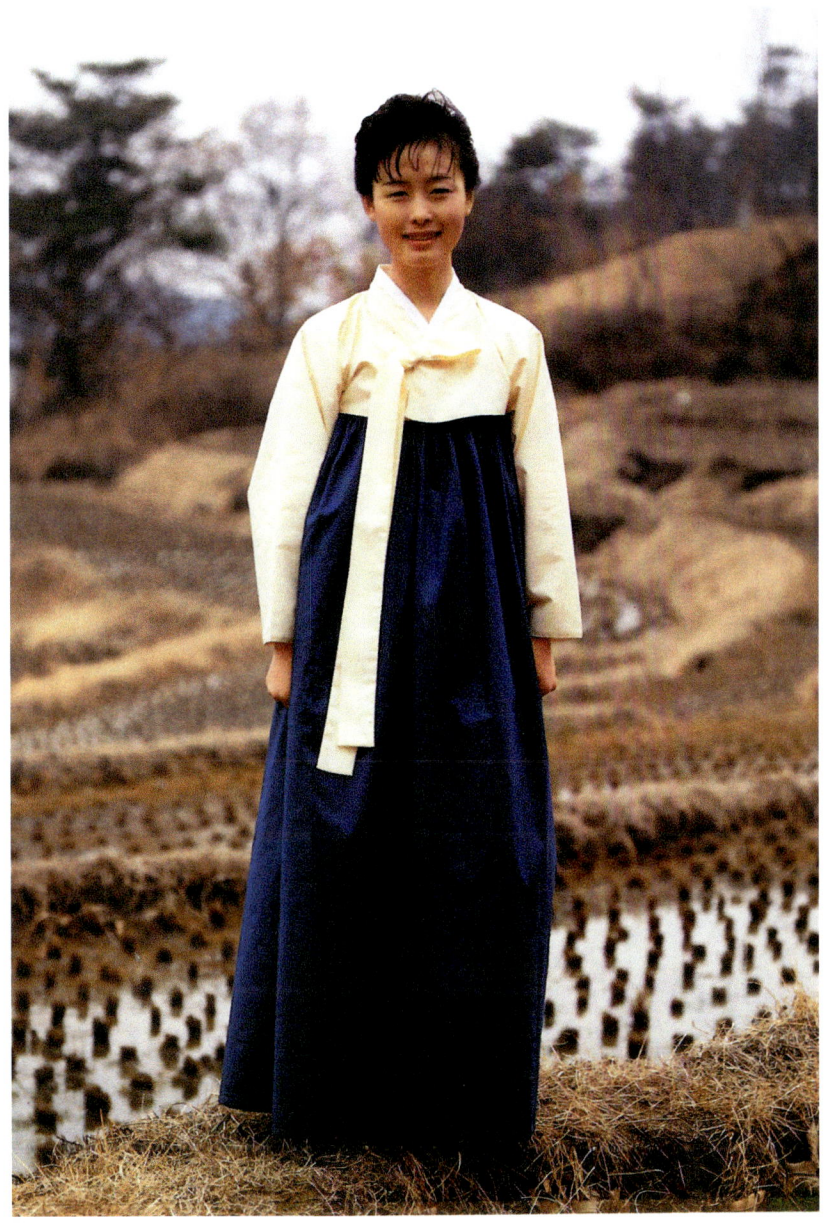

소색 무명 안감을 넣은 박이겹저고리와 옛날식 홑치마를 입은 이설호 씨

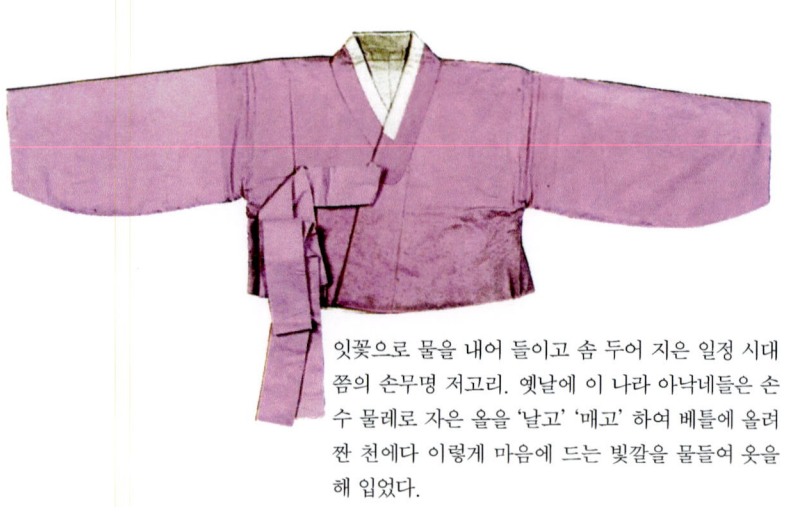

잇꽃으로 물을 내어 들이고 솜 두어 지은 일정 시대쯤의 손무명 저고리. 옛날에 이 나라 아낙네들은 손수 물레로 자은 올을 '날고' '매고' 하여 베틀에 올려 짠 천에다 이렇게 마음에 드는 빛깔을 물들여 옷을 해 입었다.

쯤에 반반히 다리기만 하면 되니 한복을 자주 입는 이설호 씨 같은 이한테는 아주 제격인 옷이다. 다만 소색 명주에 한지를 붙여 만든 동정을 달았으니, 빨래하기 전에 동정을 떼어 내고 입을 때 다시 갈아 달아야 한다.

치마도 물빨래하기 쉬우라고 두 폭 홑치마로 지었다. 치마를 겹으로 지어 입는 습속은 속옷 감춤이 허술한 요즈음의 일이다. 옛날에는 대례 지낼 때, 또 제사 지낼 때 입는 치마와 수의 치마만 겹으로 입었지 어느 때 입을 치마는 죄다 홑으로 지었다. 그리고 그 홑치마를 입을 때는 속옷을 제대로 갖추어 입었다.

이설호 씨가 저고리 안에 받쳐 입은 속적삼은 소색 명주로 지은 깨끼 저고리이다. 요즈음에 속적삼을 입는 이가 점점 늘어나는 일은 반가운 노릇이나 속적삼을 지을 적에 꼭 유념할 것이 있다. 속적삼은 매듭단추가 달리고 치수가 작다 뿐이지 저고리가 갖추어야 할 모양은 그대로 지녀야 한다. 그러니 길과 소매 사이에 이음새가 있어야 하고, 섶이 제대

로 달려야 하며, 겉섶과 안섶이 서로 포개져 도련이 가지런히 놓여야 한
다. 요즈음에 흔히 파는 인조로 된 속적삼처럼 깃과 섶이 좌우 대칭으로
맞서는 것은 제대로 된 모습이 아니다.

이런 봄 치마저고리 한 벌은 일상복으로도 나들이옷으로도 손색이
없다. 게다가 일가의 혼례에 참석할 때 한복을 갖추어 예의를 차리는 일
이 널리 자리 잡은 요즈음에라도 알록달록하고 번드르르하기 쉬운 비단
옷들 속에서는 오히려 산뜻한 무명옷이 더 돋보인다.

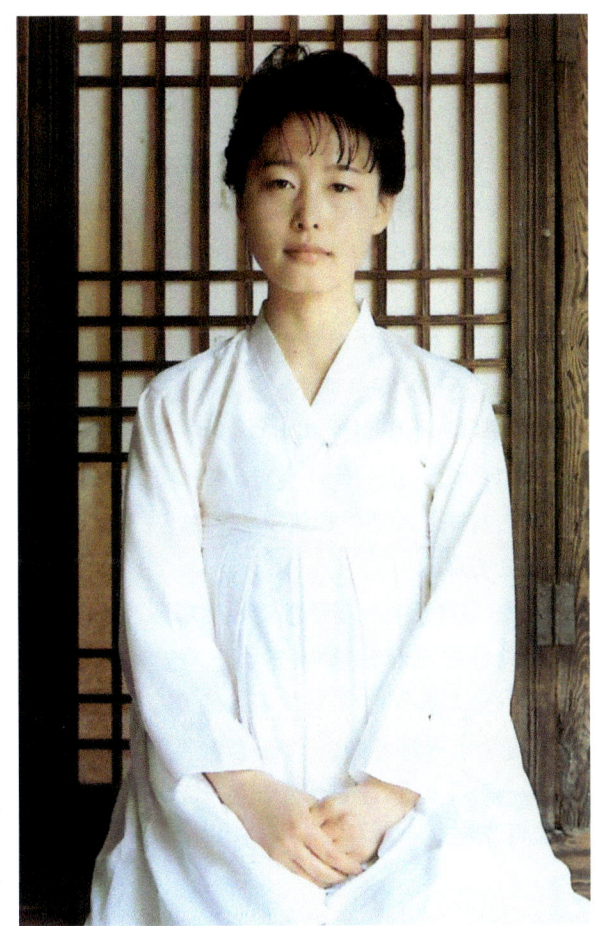

명주로 속적삼을 지어
입고 단속곳과 바지를
갖추어 입었다. 속옷을
잘 갖추어야 겉옷의 옷
태가 살아난다.

김씨 부인의 **여덟 폭 치마와 저고리**

한복은 '상박하후'한 것이 멋이라 한다. 곧 저고리는 단출하고 치마는 풍성하여 위에서 아래로 이어 흐르는 선이 보기 좋으니 체격이 아담한 이 땅 여자들의 몸을 감싸기에 더없이 어울리는 '날개'가 치마저고리이다.

치마는 몇 폭 치마냐에 따라 그 풍성함이 더하고 덜하다. 요사이는 세 폭 치마가 가장 보편적이나 예전에는 보통이 일곱 폭이고 적으면 다섯 폭, 많으면 열두 폭까지 되는 치마도 지어 입었다. 몇 폭 치마를 지을까는 치마 지을 천의 폭이 얼마냐에 따라 결정되기도 하지만 거꾸로 몇 폭 치마를 짓겠다고 작정하고 거기에 알맞은 폭의 천을 찾을 수도 있다.

서울 장충동에 사는 김덕신 씨는 잔주름 잡아 여덟 폭 치마를 소담스레 지어 입으려고 좁은 폭(15인치) 명주를 택했다. 진주에서 손명주를 닮게 짰다는 그 천은 실에 먼저 물을 들인 다음에 짠, 곧 '선염'한 천이라 빛깔이 천에 차분히 스민 것이 퍽 고와 보였다. 주황, 다홍, 연두로 저마다 고운 천 중에서 그는 진달래색을 치맛감으로, 흰색을 저고릿감으로 골랐다.

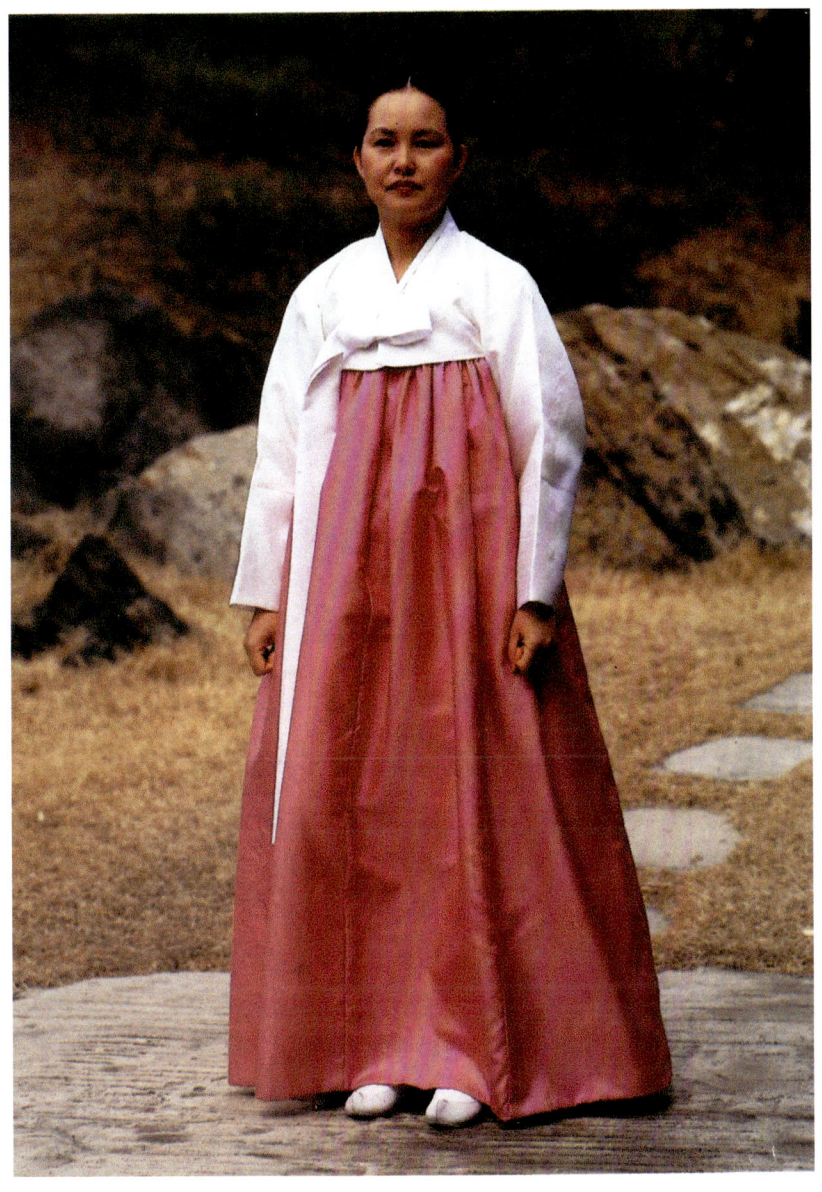

한복은 '상박하후'한 것이 멋이다. 곧 저고리는 단출하고 치마는 풍성하여 위에서 아래
로 이어 흐르는 선이 야단스럽지 않게 몸을 감싸 주어서 멋있다.

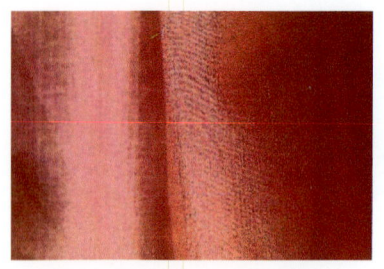

폭이 좁은 명주 선염한 천이라 빛깔이 천에 차분히 스몄다. (왼쪽)

김씨 부인은 요새 젊은 부인이면 거개가 그렇겠듯이 한복과 썩 친한 편은 못 된다. 그러나 한 해에 몇 번 못 입더라도 입을 때만은 한복의 전통적인 맵시가 깎이지 않도록 조심하여 반듯하게 차려입고 싶어 한다. 적어도 호텔 로비에서 흔히 보게 되는 산수화를 치마폭에 그린 파티복 옷태에 전염되지는 않으려고 애쓴다. 그의 저고리 모양은 그래서 책잡힐 데가 없다. (오른쪽)

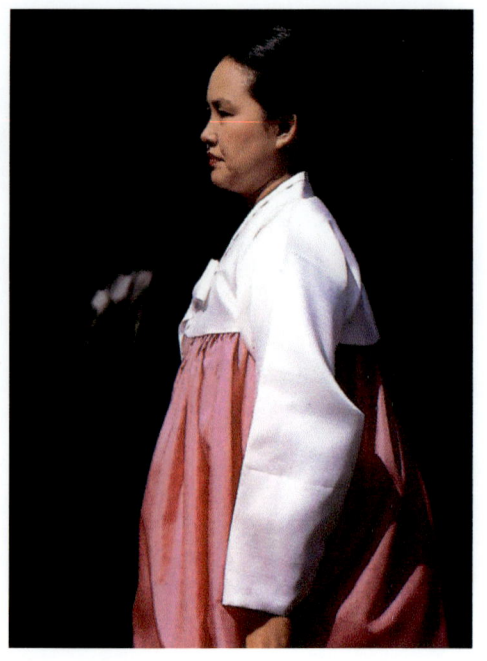

한복 치마저고리가 제가 지닌 입성의 전부인 노인이 갈수록 드물어지니 요새 젊은 사람들은 누구의 본을 따라 옷을 지어 입어야 할까? 저고리의 어깨 언저리에 임금님 옷에나 붙을 흉배가 난데없이 달려 있어도, 칼날 같은 동정이 달린 것이 브이넥 블라우스를 닮았어도 그걸 흉보는 이가 적고 나무라는 이는 더욱이 없으니, 이제 한복 모양새는 서양 물든 이들이 서양식 유행의 꼬리를 휘젓는 대로 이리저리 수난을 당하게 되었다.

김씨 부인이 주단집에서 좁은 폭 명주로 치마저고리 한 감을 끊어 바느질집에 옷 지으러 갔을 적에 그 집 바느질하는 아주머니는 천을 훌훌 펴 보더니 이랬다.

"여덟 폭 치마를 지으면 되겠네. 키도 크시고 하니 폭마다 바이어스로 말라서 이으면 치마 아랫도리가 쫘악 뻗쳐서 아주 늘씬해 뵐 거야."

무슨 말인고 하니, 제 폭 그대로 여덟 폭을 이어 박으면 치마허리에 촘촘히 주름이 잡혀 가슴께가 두리뭉실해져서 서양 드레스에 견주어 치마 실루엣이 산뜻하게 가파른 선을 이루지 못할 터이니 폭마다 사다리꼴로 말라 가슴께는 얄상하게, 발치는 풍성한 치마 모양을 내는 게 어떠냐는 소리다.

그 아주머니는 한복 짓는 일만 몇십 해를 줄곧 해왔다 하니 한복 맵시에 대한 그 나름대로 잣대가 없지 않을 터인데, 그런 이조차도 볼썽사나운 드레스를 본뜬 한복 치마 모양을 손님에게 권한다는 사실은 못된 유행일수록 얼마나 거세게 전통을 흔들어 대는지를 우리에게 일러 준다.

치마폭을 사다리꼴로 마르는 짓은 '신식 한복 연구가들'이 저지른 너무나 터무니없는 장난이다. 치마의 멋은 그런 신식 연구에서보다는 폭을 넉넉히 하여 주름을 많이 잡아 풍성한 매무새를 이루는 전통에서 나온다. 또 비록 예전에 스란치마, 대란치마라 하여 치마 밑단에 금박 한 '스란단'을 한 단이나 두 단 덧대어 궁중에서 소례복, 대례복으로 입지 않았던 것은 아니라고 하더라도, 요새 흔히 한복 치마 밑단에 들쭉날쭉 색동천 같은 것을 이어 박는 것은 얼토당토않은 짓이다.

그러나 앞서도 말했듯이 한복 입기의 본을 보이고 꼴불견인 한복 모양을 꾸짖어 줄 만한 노인은 갈수록 드물고, 흔히 텔레비전을 통해서나 호텔 로비에서 우리가 대하게 되는, 치마폭에 산수화를 그리거나 꽃·나비를 수놓는 신식 무대복이나 파티복이 전통 한복인 것으로 오해되어 어느 사람들이 무심히 띠올리는 한복의 모양까지 알게 모르게 그런 모양을 닮아 가는 것이다.

70년대를 지나면서 한복을 '패션화'하는 일에 앞장섰던 몇몇 한복 연구가들이 여기저기 전통 한복의 모양을 연구하여 뜯어고치기 시작하더니 그런 변형된 한복이 삽시간에 온 나라에 퍼졌고, 심지어 시골 장터에서 파는 기성 한복도 그런 신식 모양과 색상을 하고 있으니 그 모양이 좋다고 그렇게 지어달라고 주문해 오는 손님을 삯 받고 옷 지어 주는 이가 무슨 잇속이 있어 꾸짖을까?

김씨 부인은 치마허리에 풍성하게 잔주름을 잡아 가슴께부터 발치까지가 완만하고 두리뭉실한 곡선을 이루는 전통 치마를 지어 달라고 당부하였다. 또 깃을 받게 달 것, 동정 끝이 뾰족하지 않게 할 것, 동정을 좀 넓은 것으로 달아 줄 것 들을 덧붙였다.

'연구가들'이 제멋대로 변형시켜 놓는 한복의 모습을 고쳐 잡는 일은, 더는 한복집에서 스스로 해 주지 않는다. 제 몸에 걸칠 옷만이라도 지을 때 꼬치꼬치 모양을 따져 제대로 짓게 하고, 삯 더 주어가며 치마폭을 일부러 뻗치게 마름질시키는 일만 그만두어도 그게 한복의 제 모습을 얼마쯤 지키는 일이 된다.

한복의 모양을 일삼아 일그러뜨린 이는 몇 안 되었으나 그 작은 잘못이 유행으로 크게 번져 작은 바느질집 주인아주머니의 몇십 해 놀리던 손길까지 전통에서 벗어나도록 잡아끄는 큰 힘으로 자랐으니, 그 악순환을 바로잡을 길은 삯 주고 옷 맡기는 손님의 까다로운 주문밖에는 없다.

조명수 씨 내외의 **봄나들이**

조명수 씨의 두루마기는 짙은 녹두색 물을 들인 명주로 지었고, 안감으로 옥색 명주를 댔다. 봄에 입는 두루마기는 녹두색, 치자색, 흰색, 옅은 쪽색, 옥색(옥색은 너무 밝아 야광빛이 도는 것은 피한다.) 같은 것으로 골라 지으면 한결 산뜻한 봄 느낌을 준다. 또 흔히 그런 옅은 색이 도포, 창옷, 중치막, 철릭 같은 전통 남자 웃옷에 쓰였으니 검은색·밤색 두루마기보다 더욱 전통에 가깝다고 할 수 있다.

마고자와 조끼는 짙은 색 명주로 지었다. 안감은 같은 색 자미사로 넣었다. 그이의 마고자 끈에 관심을 가져 보자. 옛날 사람들은 마고자에 흔히 단추 대신에 끈을 달았다. 마고자에는 늘 옥, 자마노, 밀화, 금파 같은 보석 단추가 달려야 한다고 굳게 믿고 있거나 근래의 유행에 따라 더 사치스럽게 금 단추를 달아야 행세한다고 믿는 사람들에게 끈으로 여민 조명수 씨의 마고자를 내보이면 깨닫는 바가 있을 듯하다. 단추 값으로 적게는 2만 원쯤부터 많게는 30만 원쯤까지 들인 마고자보다 검약스러워 보여 오히려 더 귀티가 나 보인다. 특히 양단이니 비단으로 지은 겨울 마고자가 아닌 얄팍한 명주로 짓는 봄 마고자에는 투박한 보석 단추보다는 날렵하고 산뜻한 끈을 달아 여미는 것이 더 어울리고 봄기운이

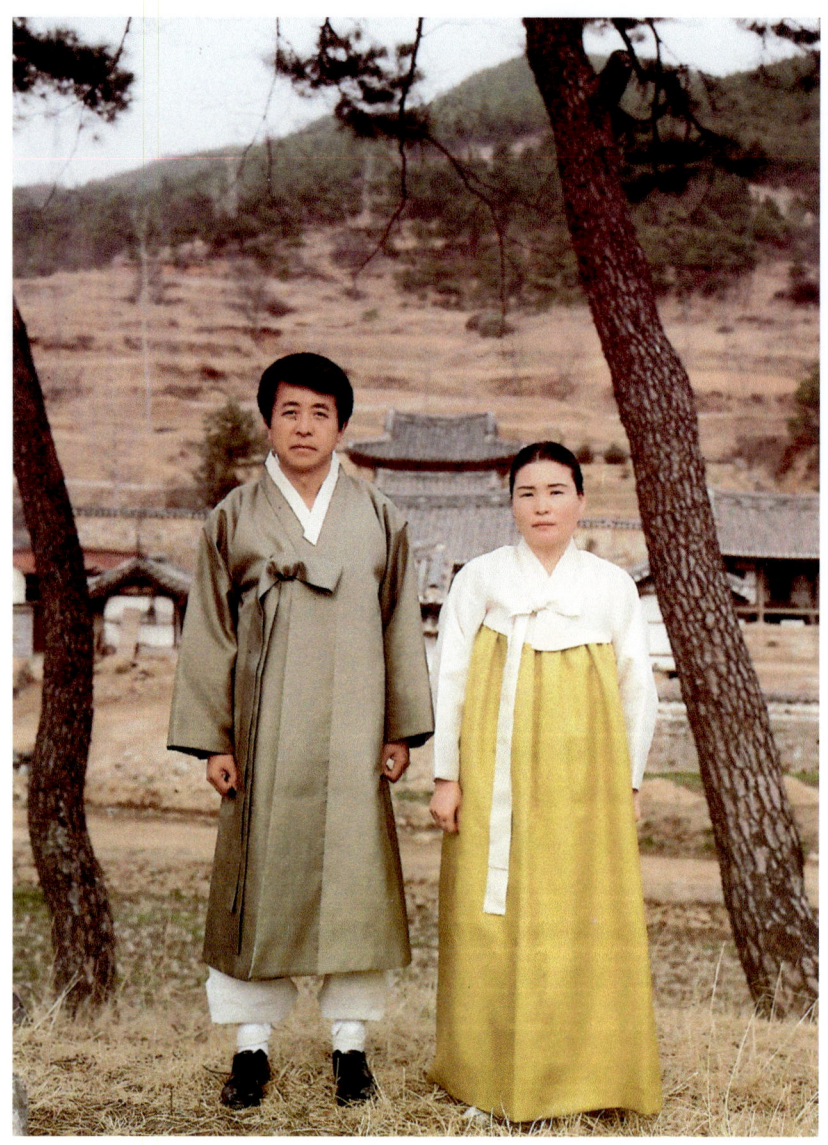

부인 김순년 씨와 함께 산청읍 지리에 있는 덕계 오 건을 모시는 '서계 서원'으로, 새로
지은 한복을 입고 나들이를 했다. 그이의 짙은 녹두색 두루마기와 부인의 노르께한 명
주로 지은 저고리와 치자색 치마가 산뜻한 봄 느낌을 준다.

마고자와 조끼는 짙은 쪽색 명주로 지었다. 안감은 같은 색 자미사로 넣었다. 양단이나 비단으로 지은 겨울 마고자가 아닌 얄팍한 명주로 짓는 봄 마고자에는 투박한 보석 단추보다는 조명수 씨의 마고자에서처럼 끈을 달아 여미는 것이 좋다.

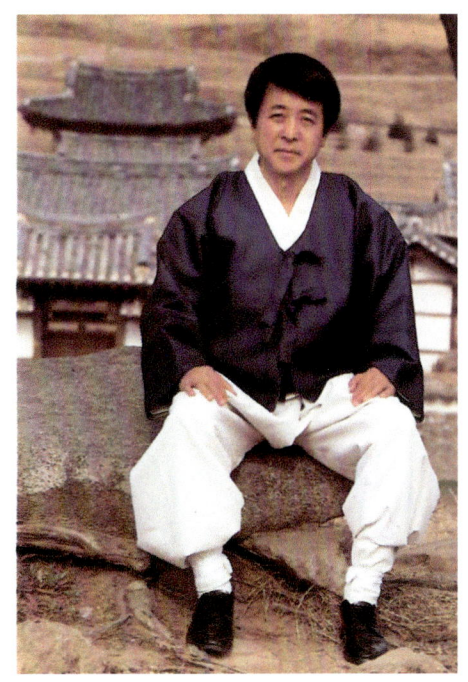

더 난다. 조끼 단추는 같은 색 명주로 싸서 달았다. 남자 한복의 마고자 단추가 사치의 정도를 지나쳤다고, 또 근래에 유행된 것들이 아름답기는커녕 추악하기까지 하다고 여겨온 이들이 있다면 조명수 씨 마고자의 끈과 조끼 단추처럼 지어 입어 보자.

바지저고리는 무명으로 지었다. 마전(표백)만 해놓은 제 빛깔의 손무명이다. 안감으로는 항라를 넣었다. 겹바지저고리로 짓기는 철이 늦고 홑겹으로 짓기에는 빠르고 할 적에 설핏하고 빳빳한 기가 있는 항라를 안감으로 넣으면 두께도 적당하고 옷 입은 대도 닌다.

두루마기와 저고리의 동정은 한지에 명주를 입혀 달았다. 동정의 너비가 보기 좋게 넓적해서 옷태가 믿음직스러워 보인다.

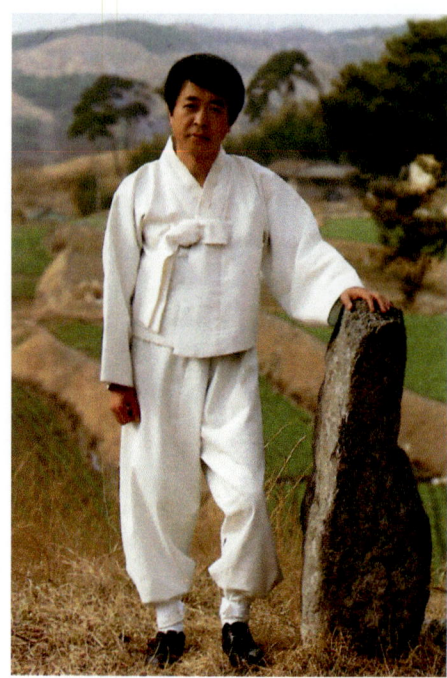

바지저고리는 무명으로 지었
다. 마전(표백)만 해놓은 제
빛깔의 손무명이다. 안감으
로는 항라를 넣었다.

  그의 부인 김순년 씨가 입은 치마저고리는 겹으로 지었다. 저고리는
'다듬이 명주'로 겉감을 하고 흰색 명주로 안감을 넣었다. 다듬이 명주
란 익은 명주—베틀로 짜낸 빳빳한 '생명주'를 삶아 부드럽게 한 명주—
에 풀을 먹여 잘 다듬질해 놓은 것을 말한다. 익은 명주의 색은 새하얗
지 않고 살짝 노르스름한 쌀밥색에 가까워 따뜻한 느낌을 준다. 명주는
더러 오뉴월에 다듬어야 뜨끈뜨끈이매를 맞으며 살이 잘 올라서 윤이
나고 발도 도톰해져서 좋다. 김순년 씨가 지어 입은 도톰한 다듬이 명주
는 두 해 전 유월에 다듬질해 놓은 것이다. 저고리 동정도 다듬이 명주
로 지어 달았다. 살짝 노르께한 다듬이 명주로 지은 흰 저고리는 누구에
게나 어울리는 옷이다. 두루마기나 핫것을 벗고 가볍게 치마저고리만
입고 나들이할 수 있는 4월에 흰 저고리는 정결한 맵시를 만드니 어떤

김순년 씨의 치마는 연한 치자
색 명주 겉감에 같은 색 안감을
넣어 지었다. 항라로 안감을 넣
었으니 속바지와 단속곳을 받
쳐 입은 명주 치마에 힘이 들어
가 더욱 옷태가 난다.

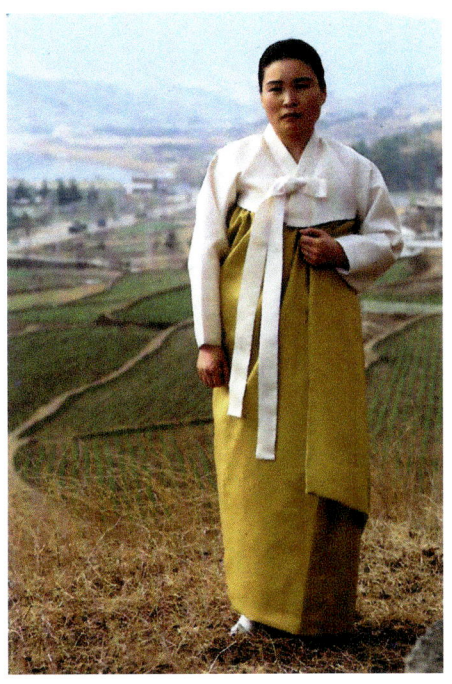

빛깔의 치마를 짝지어도 단짝을 이룬다.

치마는 연한 치자색 명주 겉감에 같은 색 항라 안감을 넣어 지었다.
빳빳한 항라로 안감을 넣었으니 속바지와 단속곳을 받쳐 입은 명주 치
마에 힘이 들어가 더욱 옷태가 난다.

평소에 한복과 친하지 않던 이들이라도 이번 기회에 김순년 씨 것처
럼 신식 비단 폭으로 쳐서 두 폭이나 두 폭 반으로 마르고—묵혀둔 치마
가 폭을 쳐서 위는 좁고 아래는 넓게 한 마치 플레어스커트와 같은 모양
이라면 다시 뜯어서 두 폭으로 지어 입도록 하자.—치마는 고무신 코가
보일 만한 길이로 입어야 흰 저고리와 어울려 더욱 딘아한 한복의 제맛
이 난다.

안소연 씨의 손무명 치마저고리

이 땅에서 나는 천으로 따뜻한 천을 꼽으라면 누구나 비단을 댄다. 비단은 누에고치에서 켠 명주실로 짠 천이니, 누에가 번데기가 되어 가면서 짓는 집에서 사람들이 그 따뜻함을 훔쳐다가 쓰는 것이다. 동물성 섬유인 비단에 견주어 따습기가 결코 뒤지지 않는 식물성 섬유가 있으니 그것이 무명이다.

무명은 목화 송아리의 솜에서 자아내는 실로 짠 천이다. 무궁화, 접시꽃, 당아욱, 부용화 같은 것들하고 서로 사촌이어서 꽃이 비슷한 한해살이풀인 '목화'도 그 솜으로 짠 천인 '무명'도 막상 그것들을 재배하고 짜던 시골에서는 그냥 '명' 하기 일쑤였다. 따라서 그것을 재배하는 밭은 '명밭'이라고 하고, 그 천을 그 식물 이름과 특별히 구분하고 싶으면 '명베'라 했다.

예부터 목화가 많이 나던 고장으로 한반도에서 전라남도 나주군을 꼽았으니, 그 고장에서 난 목화에서 자아낸, 결이 아주 섬세하고 깨끗한 손무명천을 흔히 샛골 마을에서 했다고 해서 '샛골나이'라 불렀다. 그러나 공 많이 들고 시간 많이 걸리나 그 공과 시간이 스민 손무명천의 값어치를 알아주는 이가 적어 지금은 그 고장에도 베틀을 잡은 이가 거의 없다 한다.

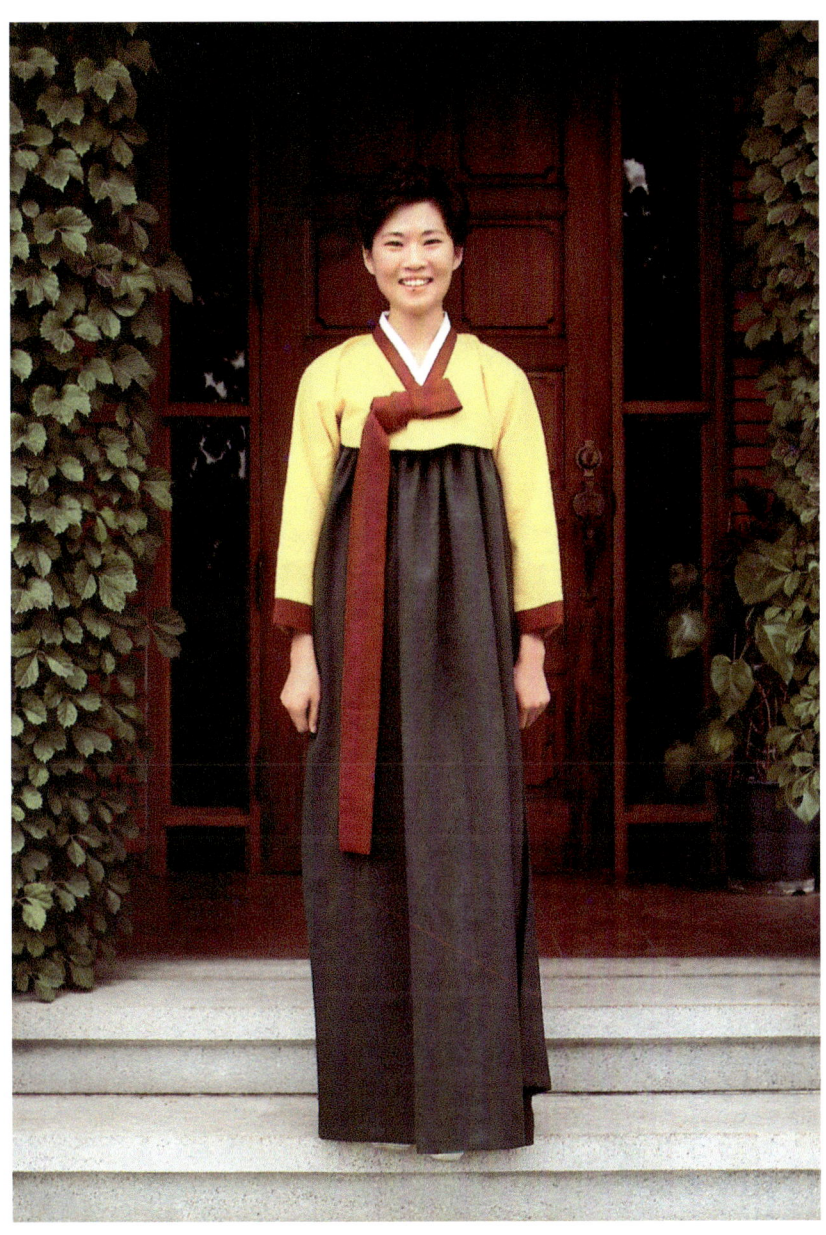

창의성이 좀 발휘된 염색한 옷을 입은 안소연 씨

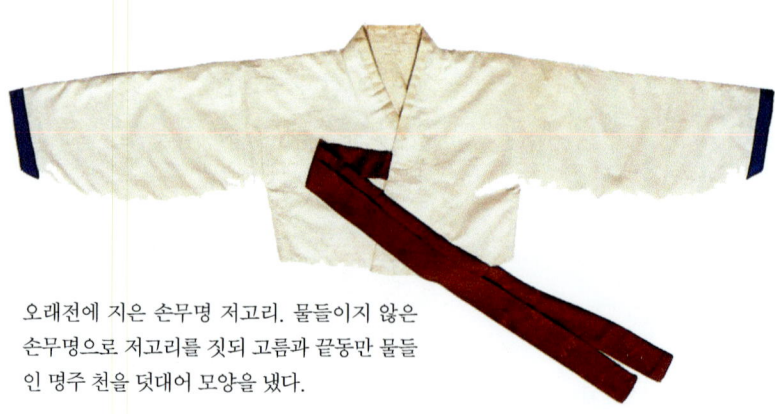

오래전에 지은 손무명 저고리. 물들이지 않은
손무명으로 저고리를 짓되 고름과 끝동만 물들
인 명주 천을 덧대어 모양을 냈다.

그러니 토박이 손무명천이 그리운 이는 어디 가서 그 천을 구할까?
더러 대도시의 포목점에 있기도 하고, 시골 장터의 포목점에 있기도 하
나 흔하지는 않다.

그런 천들은 보관 상태에 따라 천차만별이기 쉽다. 얼룩진 것, 때 묻
은 것이 있는가 하면 곱게 해만 묵어 아직도 새 천인 채로 있는 것도 있
다. 얼룩이 짙으면 잿물에 삶아 얼룩을 빼도록 한다. 삶아도 말끔하게
얼룩이 안 빠진 천에는 짙은 물을 들여 사용할 수 있다. 새 천과 다름없
이 잘 보관되었던 천에는 연한 빛을 들이거나 그대로 옷을 짓거나 하면
된다.

안소연 씨가 입은 고운 치마저고리는 경상북도 함창에서 오래전에
짠 손무명을 구해서 물을 들여 지은 것이다. 저고리는 환한 노란색에 팥
죽색 깃과 끝동을 대고 고름을 단 회장저고리이고, 치마는 짙은 수박색
이다. 질박한 무명천이 빛깔을 곱게 먹어 그 세 빛깔이 어우러져 따뜻한
기운을 훨씬 더 북돋운다. 다만 이 시대를 사는 사람들이 기억하는 전
통에 비추어 보면, 이 무명 저고리의 염색에는 창의성이 좀 발휘되었다.
예전에는 어린아이의 옷이 아니면, 또 아주 여린 빛깔이 아니면 여자 저

깃 맵시가 좋아 가까이에서 찍
었다. 동정은 옛날식으로 좀 두
툼한 창호지에 항라를 입혀 달
았다.

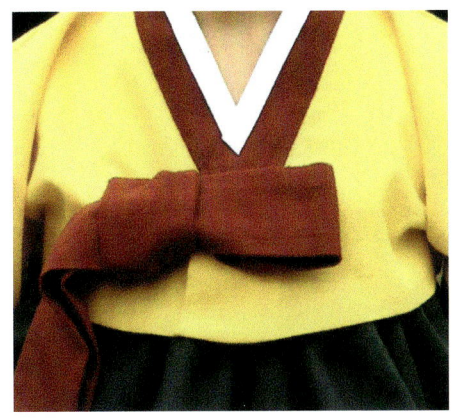

고리는 그냥 흰빛 바탕의 옷이기 쉬웠고, 끝동·고름·깃 같은 것에 짙은
빛깔을 쓰더라도 명주에 그런 물을 들여 무명 바탕에 덧대었다.

손무명으로 지은 옷을 처음 입어 보았다는 안소연 씨는 이 옷 입은 느
낌이 "여느 한복보다 좀 묵직한 듯하다."고 했다. 바로 그 묵직한 느낌
이 이 옷이 지닌 장점이다. 그래서 몸에 안정감을 주고 치맛자락이 바람
에 날리지도 않으며, 건조한 겨울철에 여느 옷이 잘 그러듯이 정전기가
일어 몸을 따끔거리게 하는 일이 없다. 또 구김이 잘 가지 않아 옷을 다
스리기가 쉽다.

재래식 베틀에 올려 짠 천이라 폭이 좁아 저고리 소매에 한 번 이음새
가 지나간다. 얼핏 모르는 이가 보면 소매가 짧아 기웠나, 잘못 말라 덧
대었나 하겠으나 전통 한복과 옛 천들을 잘 아는 이에게는 그 이음새가
토박이 무명천으로 지었음을 표내어 준다.

옛 천을 애써 찾아다가 공들여 지은 옷인 만큼 저고리 동정도 여느 옷
과 다르다. 문에 마르는 좀 두툼한 창호지에 항라를 입혀 만든 동정을
달아 그 빛깔이나 맵시가 마분지에 형광빛 도는 화학 섬유를 붙여 만든
혼방 동정에 비할 바가 아니다.

인간문화재 김길임 씨의
손무명 치마저고리

　전라도 해남에 사는, 강강술래를 부르는 재주로 무형 문화재 기능 보
유자가 된 김길임 부인이 손무명 치마저고리를 새로 지어 입었다.

　김길임 씨가 해남군민의 날, 남도 문화재 발표의 날 들에 강강술래를
부르려고 입고 나서는 치마저고리는 광목으로 지은 검정 치마에 흰 저
고리이다. 검정 치마에 흰 저고리는 일제시대 중기부터 두루 퍼졌다. 그
전에는 흔히 치마에 쪽물을 들여 입었으니 흰 저고리와 남 치마의 색 갖
춤이 한말, 일제시대 초기까지 많은 부인네의 옷차림이었다.

　김길임 씨가 지어 입은 천인 손무명은 집에서 손으로 짠 무명이다. 60
년대부터 대량으로 짜내는 기계 명주나 폴리에스터, 나일론 따위의 화
학 섬유나 광목, 포플린을 포함한 공장 면에 밀려 지금은 사람들이 옷감
으로도 꼽지 않을 만큼 잊힌 천이 손무명이다. 그러나 농촌의 집집에서
길쌈이 가장 큰 일거리의 하나를 차지하던 시절에는 손무명이 가장 친
근한 치마저고릿감이었다. 이런 치마저고릿감은 지금도 대도시나 시골
장터의 포목점에 더러 남아 있다. 서울에서는 종로5가 광장시장에 가면
더러 구할 수 있다.

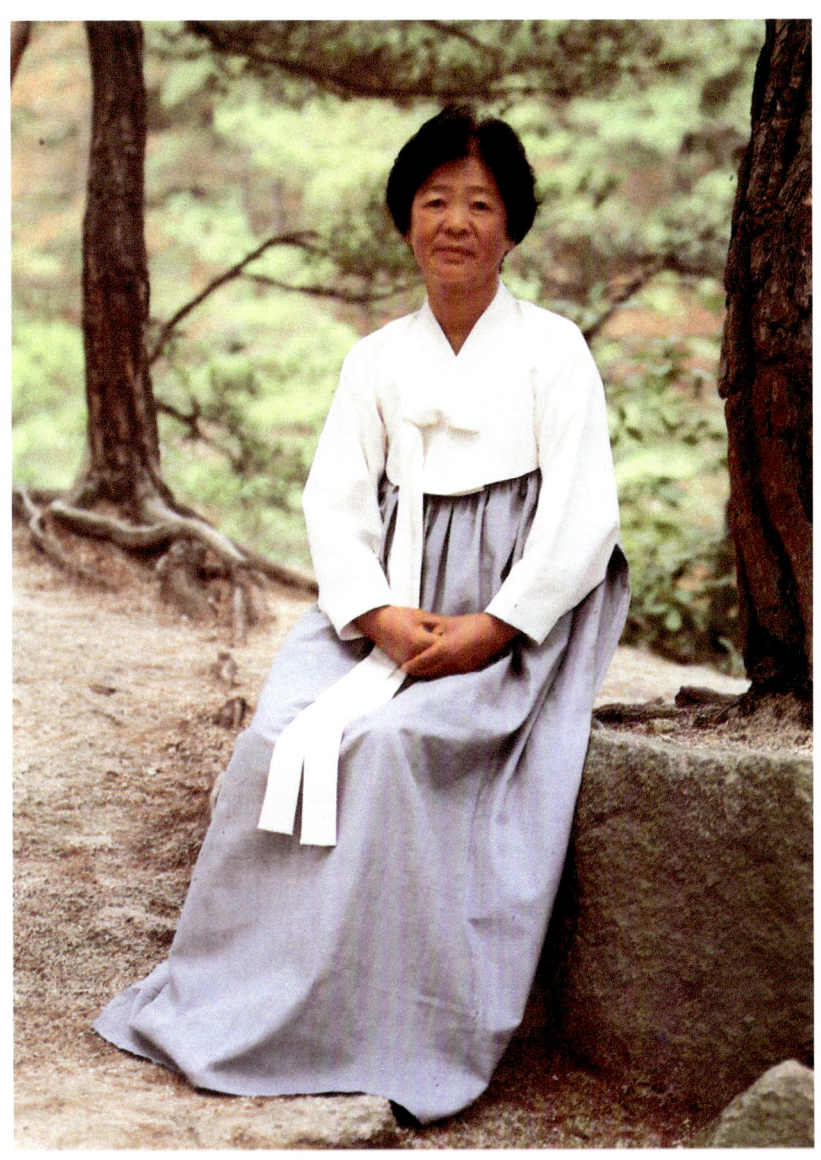

김씨 부인의 치마는 회색 물을 들였다. 손무명은 물과 친한 천이라 물빨래해서 입기 편하게 동정은 아예 박아 달았다. 치마도 물빨래하기 편하게 옛날처럼 한 겹으로 안감을 넣지 않은 채로 지었다.

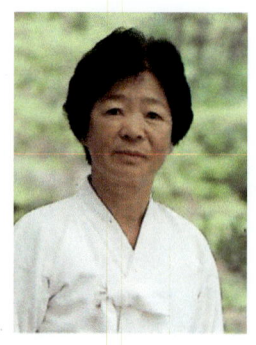

김길임 부인은 폭삭하게 몸을 감싸는 손무명 치마저고
리를 입자 대뜸 "다음 9월 해남군민의 날 공연에는 꼭
새로 지은 손무명 치마저고리를 입고서 강강술래를 부
르겠다."고 말한다.

　손으로 짠 무명은 기계 무명보다 씨올과 날올의 교차가 독특하고 뚜
렷하다. 흔히 노인네들이 '명베'라고 부르는 손무명은 다 짜고 난 뒤에
흰빛이 나고 윤이 나도록 '마전(표백)'을 해 옷 지어 입었다. 마전을 할
때는 나무나 콩깍지 들을 태워낸 재의 '잿물'에 하룻밤쯤을 재운 뒤에 맑
은 물에 헹구어 볕에 바랬는데, 그렇게 하기를 여러 번 반복할수록 희고
윤기가 났다고 한다. 손무명으로 지은 옷은 물에 자주 빨아 빳빳한 기운
이 가실수록 구김이 적게 간다.

　손무명의 질감을 더욱 돋우려고 김길임 씨의 치마저고리는 짓기 전
에 풀 먹여 다듬이질을 했다. 손무명은 방망이질을 하면 뻔들뻔들해져
씨올과 날올이 교차된 톡톡하고 질박한 질감이 죽는다. 그러니 풀을 하
더라도 모시에 풀 먹이고 방망이 매를 흠뻑 맞혀 다듬이질하듯이 하면
안 되고, 풀을 조금 먹여 축축할 적에 살이 필 때까지 밟고는 촉촉할 적
에 안으로 다리면 폭신한 결이 곱게 살아난다. 예전에는 손무명은 밟을
것도 없이 방치돌을 엎어 놓고 하룻밤을 재우면 폭삭한 무명의 결이 살
아 좋았다고 한다.

　요즈음에 구할 수 있는 손무명천은 모두 이십 몇 년 전에 짠 것들이
다. 그리하여 마전되기 전의 거무튀튀한 것, 곧 마전하여 써야 할 것, 얼
룩진 것에서부터 곱게 손질되어 해만 묵어 있는 것까지 여러 가지가 있

다. 그중에서도 특히 마전하기 전의 거무튀튀한 것, 곧 베틀에서 막 내려놓은 상태의 천에 유의할 필요가 있다. 볼품이 좀 모자라지만 이것을 가장 질긴 천으로 보아야 한다. 잿물이 조금도 섞여 있지 않아 섬유가 가장 온전히 보관되어 왔다고 봐야 한다. 이 천을 집에서나 가게에 맡겨서나 양잿물(가성소다)로 표백하면 깨끗한 손무명이 된다.

어렵사리, 그러나 꽤 싼 값으로 손무명천을 구하고 보니 막 마전한 것처럼 깨끗해서 치마저고리를 모두 손무명의 본디 색을 살려 지을까 하고 생각했다. 그이가 어렸을 적에만 해도 그렇게 입는 이가 흔했으나 요즈음에는 그리 입으면 마치 상복을 입은 듯이 볼 듯해서 치마에는 회색물을 들이기로 결심했다.

예전에는 검정 물이나 회색 물은 물푸레나무 숯으로 들였다고 하나 김길임 씨는 그리할 수 없어 치마의 회색 물은 염색집에 맡겨 요즈음 많이 나오는 인공 염료로 들였다.

저고리는 손무명으로 안팎 두 겹을 박아 지은 박이겹저고리이다. 천은 폭이 일곱 치, 곧 35센티미터이다. 폭이 좁으니 저고리 소매에 한 번 이음새가 지나갔다. 이것이 전통 저고리이기도 하다.

손무명은 본디 물과 친한 천이다. 물빨래해서 입기 편하게 동정은 아예 박아 달았다. 치마도 물빨래하기 편하게 옛날처럼 한 겹으로 안감을 넣지 않은 채 지었다. 치마허리는 물들이지 않은 손무명으로 회색 치마에 달았다.

그렇게 손무명으로 치마저고리 한 벌을 지으려면 천값이 얼마나 들까? 박이겹저고리에 홑겹 치마이니 손무명의 좁은 폭으로 치마허리와 동정감까지 합해서 시른 자쯤이 든다. 한 자에 700원쯤이니 2만 원 남짓하면 치마저고리 한 벌 감을 뜰 수 있었다. (끊어서 팔지 않아 마흔 자 한 필을 샀다고 해도 3만 원에 못 미친다.) 그리고 치맛감 염색에 1만 원이 들었다.

안씨 집 부인의 **손무명 치마저고리**

한복이라면 물에 넣어 손빨래하기 만만치 않고, 동정 갈아 달기 번거로운 옷이라고 지레 짐작하는 가정 부인이 많다. 그런 부인들에게 동정이 달린 채로 막 빨아 입을 수 있고 값도 싼 편인 봄옷을 한 벌 소개한다.

혼인하자마자 남편과 함께 외국으로 공부하러 떠났던 안씨 집 부인은 만삭을 바라보는 몸으로 다시 돌아왔다. 그를 맞은 그의 친정어머니는 무명천을 남빛으로 보기 좋게 물들여 무명 치마저고리를 지어 임신복 삼으라고 주었다. 레이스 장식이 헤프게 나폴거리는 흔한 기성 임신복과는 달리 이 남색 치마에 소색 저고리는 단출한 옷맵시를 지닌 채로 임신부의 외양을 잘 추슬러 준다.

안씨 집 부인이 임신복을 지어 입은 옷감은 손무명, 곧 집에서 손으로 짠 무명이다. 60년대부터 대량으로 짜내는 기계 명주나 폴리에스터·나일론 따위의 화학 섬유, 또 광목·포플린을 포함한 공장 코튼에게 자리를 빼앗겨 지금은 사람들이 쉽게 옷감으로 꼽지도 않을 만큼 잊힌 천이 손무명이다. 그러나 농촌의 집집에서 길쌈이 가사의 큼지막한 자리를 차지하던 시절에는 손무명은 가장 친근한 치마저고릿감이었다. 부인들은 소색 무명을 그대로 마름질하여 옷을 지어 입거나 좀 모양을 내고 싶

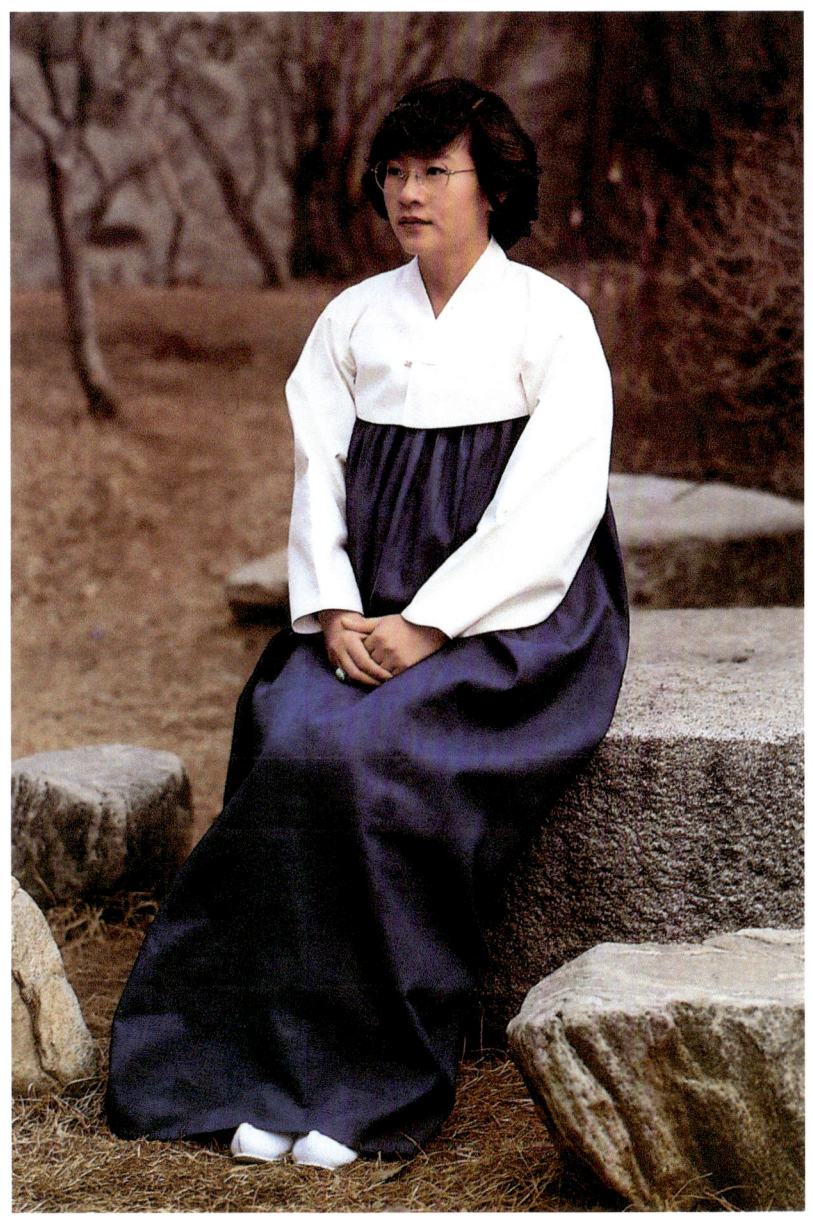

어머니가 지어 주신 손무명 치마저고리를 임신복 삼아 입은 안씨 집 부인

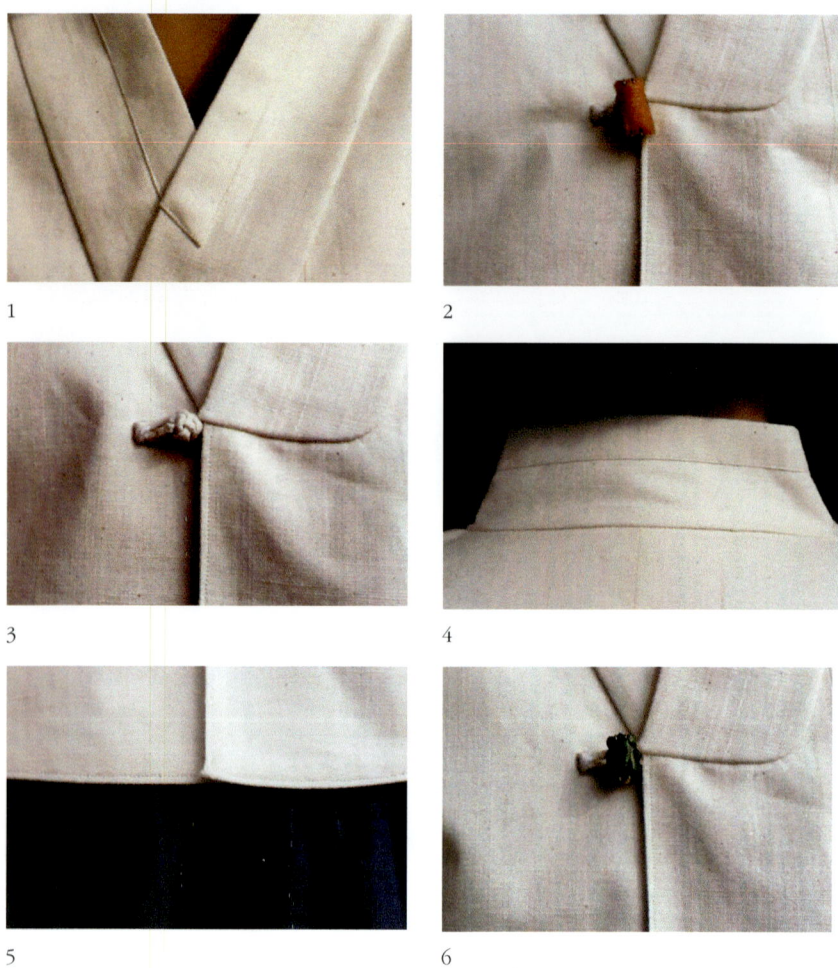

1

2

3

4

5

6

1 저고리의 동정은 보통 시침질해서 달았다가 더러워지면 새것으로 갈아 단다. 그러나
  이 저고리는 동정을 아예 박아 저고리에 달린 채로 빨 수 있게 지었다.
2 바깥나들이 때는 흰 매듭단추 대신에 밀화로 만든 단추를 달아도 좋다.
3 저고리에 다는 매듭단추. 저고리를 짓고 남은 천을 나비 2센티미터, 길이 30센티미터
  쯤으로 끊어서 돌돌 말아 박아 엮어 만든다.
4 손무명으로 지은 옷은 물에 자주 빨아 빳빳한 기운이 가실수록 구김이 적게 가고, 빨
  래해서 풀 먹인 다음에 촉촉할 때 다리면 결이 퍽 곱다.
5 흰 저고리 남 치마의 색 갖춤은 한말, 일정 초까지 가장 흔한 부인 옷차림이었다.
6 청강석으로 만든 단추. 청강석은 빛깔이 푸르고 단단한 돌이다. 청강석 단추도 밀화
  단추처럼 가끔 매듭단추와 바꾸어 달면 좋다.

으면 치맛감에다가 쪽물을 들여 흰 저고리에 남 치마를 지어 입곤 했다. 흰 저고리, 남 치마의 색 갖춤은 한말, 일정 초까지 가장 흔한 부인 옷차림이었다. 그러다가 일정 중기부터는 남색 대신에 검정색 물을 들인 치마가 두루 퍼져 흰 저고리, 검정 치마 차림이 많아졌다.

손으로 짠 무명은 기계 무명보다 씨올과 날올의 교차가 독특하고 뚜렷하다. 그리고 이 질감을 더욱 돋우기 위해 이 천은 옷으로 지어 입기 전에 풀 먹여 다듬이질했다. 천에 촉촉히 물기를 주어 손무명을 다듬이질하면 씨올과 날올이 열십자로 반반히 선다. 또 올끼리 보기 좋게 딱 달라붙어 다림질한 것보다 더 효과 있게 천이 반드르르해지고 때도 덜 탄다. 이 옷감으로 지은 옷은 물에 자주 빨아 뻣뻣한 기운이 가실수록 구김이 적게 가고, 빨래해서 풀 먹인 다음에 촉촉할 때 다리면 결이 퍽 곱다. 방금 빨아 입은 무명의 감촉은 드라이클리닝 한 명주옷의 반짝거리는 호사로움에 견주어 보는 이에게도, 입은 이에게도 깔끔하고 쾌적한 느낌을 준다.

본디 소색 손무명에 물을 들여 남 치마를 지으려면 남빛의 '남'이 일컫는 바대로 쪽풀의 물을 들였다. 쪽풀의 잎에서 우려낸 물을 남색 염료로 쓴 것이다. 쪽물은 한반도에서 가장 먼저 쓰기 시작한 염료라고 하며, 예부터 한말·일정 초까지 사람들이 옷을 지어 입기 위해 파란물을 들일 때 쓰던 가장 보편적인 염료가 쪽물이었다. 쪽물이 잘 든 감으로 옷을 지으면 한 물 빨아 입으면 색이 옅어지고, 두 물 빨아 입으면 색이 더 옅어지고 하여 색이 짙을 때는 짙은 대로, 빠지면 빠진 대로 보기가 좋아 해질 때까지 만족스러운 옷 빛깔을 누릴 수 있다. 또 모시나 삼베에 물을 들일 때는 처음부터 아주 얇게 들여서 회색에 가까운 옥색이나 쑥색을 내기도 했다. 그러나 쪽풀도, 쪽물도 우리에겐 이젠 낯선 옛것들의 이름이다. 쪽풀을 기르고 적당한 때 베어내어 항아리에 담아 물을

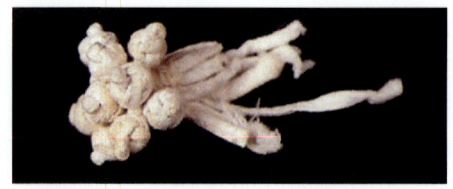

집에서 편하게 입기에는 아무래도 거추장스러운 것이 고름이다. 그래서 이 저고리는 고름 대신에 매듭단추로 여미게 만들었다.

우려내고, 그 물을 천에 들이는 데에는 공이 이만저만 들어야 하는 것이 아니다. 그래서 베 짜는 일이 사라지던 무렵에 이 쪽물 들이기도 함께 사라져 버렸고, 그 뒤는 화학 염료를 써서 쪽빛에 가까운 빛깔의 천을 만들게 되었다.

안씨 집 부인의 치맛감도 남색 화학 염료를 사다가 집에서 물을 들였다. 시장에 나와 있는 염료는 형광빛이 도는 것이 많고, 남색 염료도 들여놓고 보면 쪽물 들인 것보다 붉은 기가 많이 돌기 십상이라 그런 것을 가리고 피하느라 힘들었다고 한다.

천은 폭이 모시만큼 좁은 일곱 치, 곧 35센티미터 무명천이라 치마저고리 한 벌 짓는 데 비단보다 많은 스물대엿 자쯤이 들었다. 그러나 손무명은 값이 싸니 천값도 2만 원이 못 된다.

이 옷은 무엇보다도 물빨래할 수 있는 옷이라 편리하다. 저고리는 손무명으로 안팎 두 겹을 박아 지은 박이겹저고리이다. 동정까지 아예 박아 고정시켰고, 고름 대신에 손무명으로 만든 매듭단추를 달았기 때문에 그대로 물에 팔아 입을 수 있다. 치마도 물빨래하기 좋게 옛날처럼 안감을 넣지 않은 채 한 겹으로 짓고 밑단을 공글렀다.

안씨 집 부인의 치마가 지닌 전통 한복 치마의 특징 한 가지는 치마허리에 있다. 예부터 치마허리는 치맛감이 비단이더라도 소색 광목이나 무명 또는 이 부인의 치마허리에 쓴 옥양목을 대었다. 비단은 천이 매끄러우므로 치마허리로는 적당하지 않으며 광목이나 무명천이 힘이 있어 좋다. 이런 소색 천으로 치마허리를 대면 팔을 올리든가 하여 저고리 도

런이 살짝 들릴 때 치마 색과 다른 치마허리가 언뜻 엿보인다. 요즘 사람들은 그것을 큰 흉으로 알아 한여름에 모시나 갑사 같은 비치는 천으로 저고리를 지었을 때가 아니면 광목으로 치마허리를 대고도 그 위에 치맛감과 같은 감을 굳이 한 겹 덧대어 박곤 한다. 그러나 치마의 잔주름 위에 둘러 댄 치마허리가 치맛감과 똑같은 빛깔이 되면 긴장감이 덜해져서 안씨 집 부인의 치마처럼 일곱 폭으로 치마를 지어도 주름이 돋보이지도 않고 펑퍼짐하게 느껴진다.

박이겹저고리 안에는 특히 쌀쌀한 저녁이면 본디 무명이나 광목이나 당목으로 홑적삼을 지어 받쳐 입었다. 그러나 안씨 집 부인도 그렇거니와 요즘은 대개 조끼를 치마허리에 잇대어 달아 입고 홑적삼을 그리 많이들 입지 않는 편이다. 예전에는 치마허리를 끈으로 단단히 매는 것만으로도 옷매무새가 안정되었지만 사람들의 움직임이 바빠지고, 치마허리를 비단으로 대는 경우도 많아지다 보니 치마허리만으로는 치마가 고정되지 않고 흘러내려 불편해하는 사람들이 많이 생겨난 것이 치마 조끼이다. 그리고 그 조끼가 어깨너머로 치마를 고정시켜 주니 치마가 흘러내릴 염려가 없어진 것이다. 이런 신식 개량과 함께 흔히 치마허리를 치마 속 비단으로 대어 지었다. 그러나 비단으로 치마허리를 대더라도 치마 색말고 형광빛 기운 없는 흰색 비단을 써야 훨씬 더 품위가 있다.

손무명 박이겹저고리와 치마는 집에서 막 입고 빨기 편하고 가벼운 바깥 볼일에 외출복으로 입기에도 손색이 없는 옷이다. 집 안에서 입을 때는 손무명 매듭단추 대신 밀화나 청강석 단추를 하나쯤 마련해 두었다가 달아도 좋다. 특히 아이를 가진 지 얼마 안 된 부인이라면 이 옷을 한 벌 지어 입으면 해산 때까지 색다른 임신복의 덕을 톡톡히 볼 수 있을 것이다. 손무명 천연 섬유인 데다가 물에 마음놓고 빨아도 되니 이만큼 말끔한 옷태를 지닌 임신복은 다시 없겠다.

김명주 씨 내외의 **추석빔**

    김명주 씨와 클라우스 디터 키셀 씨 내외는 혼인한 지 열네 해 만에 큰마음 먹고 추석빔을 장만하였다.

    추석은 흔히 10월에 들어 있어서 김명주 씨는 추석 뒤로 날이 금세 차가워지지 않을까 싶어 늦가을에서 초겨울까지 입기에 적당할 만한 천을 치마저고릿감으로 골랐다. 한겨울에는 형편이 닿는 대로 두루마기를 한 벌 지어 그 위에 덧입으면 바깥 날씨의 추위는 그것으로 막고, 방문한 집의 실내에서는 좀 얇음 직한 그 치마저고리만으로도 무난할 듯해서 그랬다. 그 천이 무늬 든 명주이다. 빛깔은 자주 치마에 분홍 저고리로 맞추었고, 저고리는 치마 천으로 고름과 끝동을 달아 반회장으로 했다.

    키셀 씨의 옷가지는 모두 항라로 지었고, 다만 그 빛깔만 달리했다. 바지저고리는 흰색, 조끼와 마고자는 연노랑색, 두루마기는 연한 옥색이다.

    비단은 그것들을 일컫는 한자 이름으로 그 두껍고 얇기를 알 수 있다. 곧 '단', '초', '사', '라', '능' 같은 한자가 이름에 들어 있는 비단은 대강 나누어 '단'이 아주 두꺼운 비단, '초·사·라'는 얇고 설피게 짠 비단, '능'은

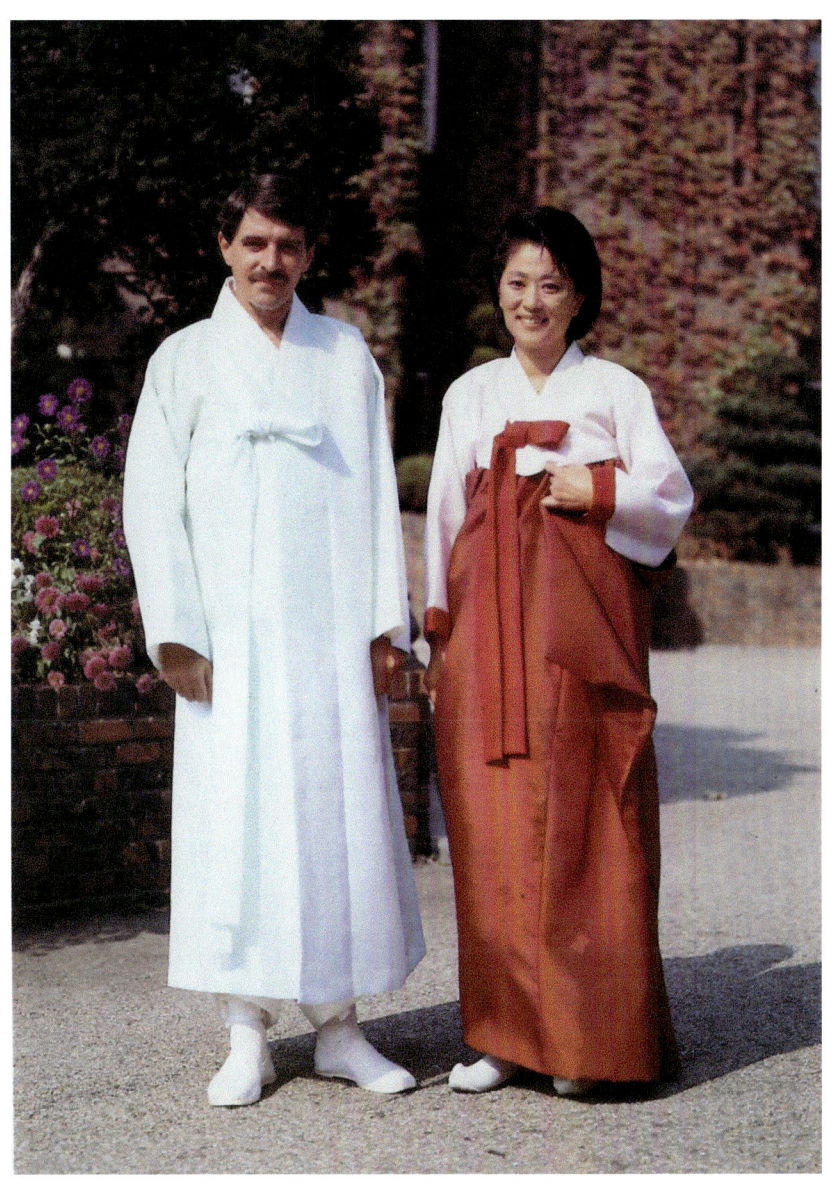

김명주 씨와 키쉘 씨 부부의 추석빔

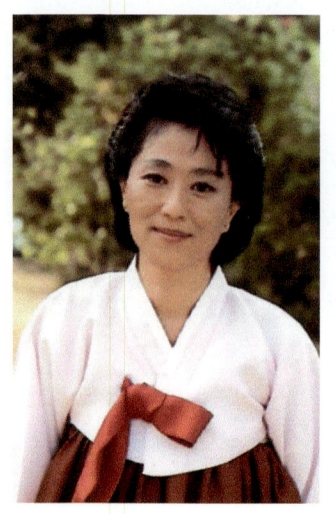

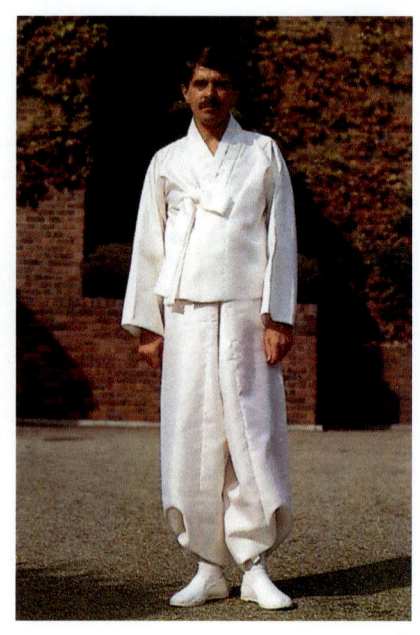

날이 추워지면 두루마기를 한 벌 지
어 입으려 하는 김명주 씨

마고자와 조끼를 입지 않고 흰 저고리만 입은
키쉘 씨의 모습이다.

그 중간쯤 되는 비단이라고 분별하면 된다.

항라는 그러므로 비단 중에는 얇고 설피게 짠 천에 든다. 그러나 '라'
에는 실을 익히지 않고 짠 생라와 실을 익혀 짠 숙라가 있으니, 항라에
도 그와 마찬가지로 익힌 항라와 생항라의 두 종류가 있다. 익힌 항라는
가을 옷감에, 생항라는 여름 옷감에 쓰인다. 또 생항라거나 익힌 항라
거나 그 종류가 여럿이라 얇고 설핀 정도와 천에 든 무늬나 천의 조직이
저마다 다르다. 또 익혔느냐 안 익혔느냐 뿐만 아니라 그런 여러 차이점
에 따라서 손맛도 조금씩 달리 느껴진다. 키쉘 씨의 옷은 철에 맞게 익
힌 항라로 지었다.

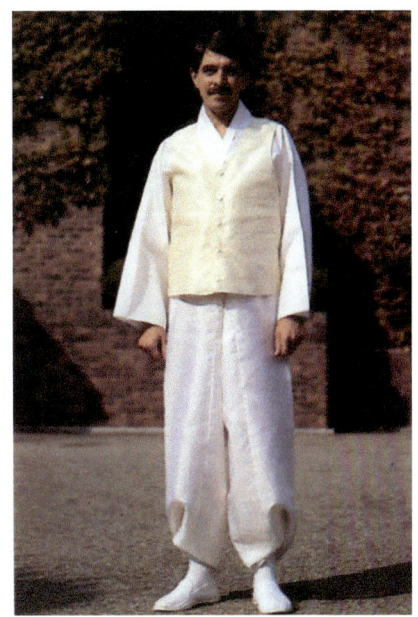
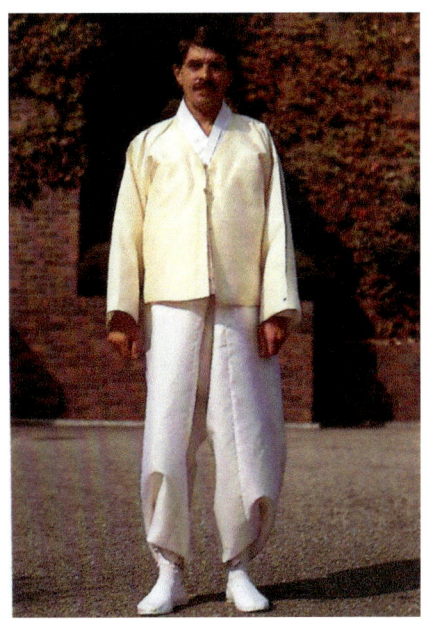

키쉘 씨의 웃웃가지를 보면 왼쪽이 저고리에 조끼를 입은 모습이고, 오른쪽은 마고자까지 입은 모습이다.

이 천으로 치마를 지어 입으려면 같은 천 중에서 키쉘 씨가 바지저고리를 지은 흰색 천을 골라 단속곳과 속바지를 지어 입으면 훌륭하다. 속옷을 뭘 입은들 겉옷 맵시에 큰 차이가 나랴 싶은 이도 있겠으나, 노인들의 증언에 따르면 고급한 천으로 골라 지은 겉옷을 더욱더 본때 있게 차려입으려면 흔히 겉옷과 같은 천으로 속옷을 차근차근 챙겨 입었다고 한다. 그리하면 무엇보다도 겉옷과 속옷이 따로 돌거나 서로 싸울 염려가 없어 옷이 태깔난다고 한다. 그래서 멋쟁이는 속옷부터 잘 갖추어 입는다는 말도 있는 것이 아닐까?

박씨 부인의 **추석빔**

　서울의 한 아파트촌에 사는 박씨 부인이 추석빔을 차려입었다. 치마와 저고리를 두루 갑사로 지었고, 저고리는 깨끼이며, 치마와 저고리의 안감으로는 하얀 은주사를 넣었다.

　박씨 부인이 입은 자줏빛 치마에 분홍 저고리는 사실 양복의 '수트'에 눈이 길든 빛깔의 조화이다. 전통 한복의 빛깔대로 맞추자면 자주 치마에는 연두 저고리나 노랑 저고리를 입어야 옳다. 느낌이 비슷한 색깔끼리 세련되게 조화된 옷차림이 서양식의 멋이 있다면 전통 한복의 옷 빛깔은 얼핏 보기에 촌스러울 듯한 만남이지만 그 빛깔들이 치마저고리에서 서로 대조되게 만날 때 잘 어우러져 돋보이는 데 서양 옷이 따르지 못할 멋이 있다고 할 수 있다. 다홍 치마에 연두 저고리가 바로 그 본보기이다. 그러나 그러지 않아도 한복을 어렵게들 생각하는 지금에 옷 빛깔의 옳고 그름까지 따지고 못 박는 일은 좀 억지일 듯하기도 하다.

　음력으로야 늘 8월 한가위이지만 그날이 양력으로 날짜 박힌 달력에서는 이른 해는 9월에 포개지고 늦은 해는 10월에 포개지고 하니, 추석 날씨는 해마다 같을 수가 없다. 한낮에는 여전히 무더워서 음식이 쉴까 걱정해야 하는 해가 있는가 하면, 한낮에도 선들선들 가을바람이 부는

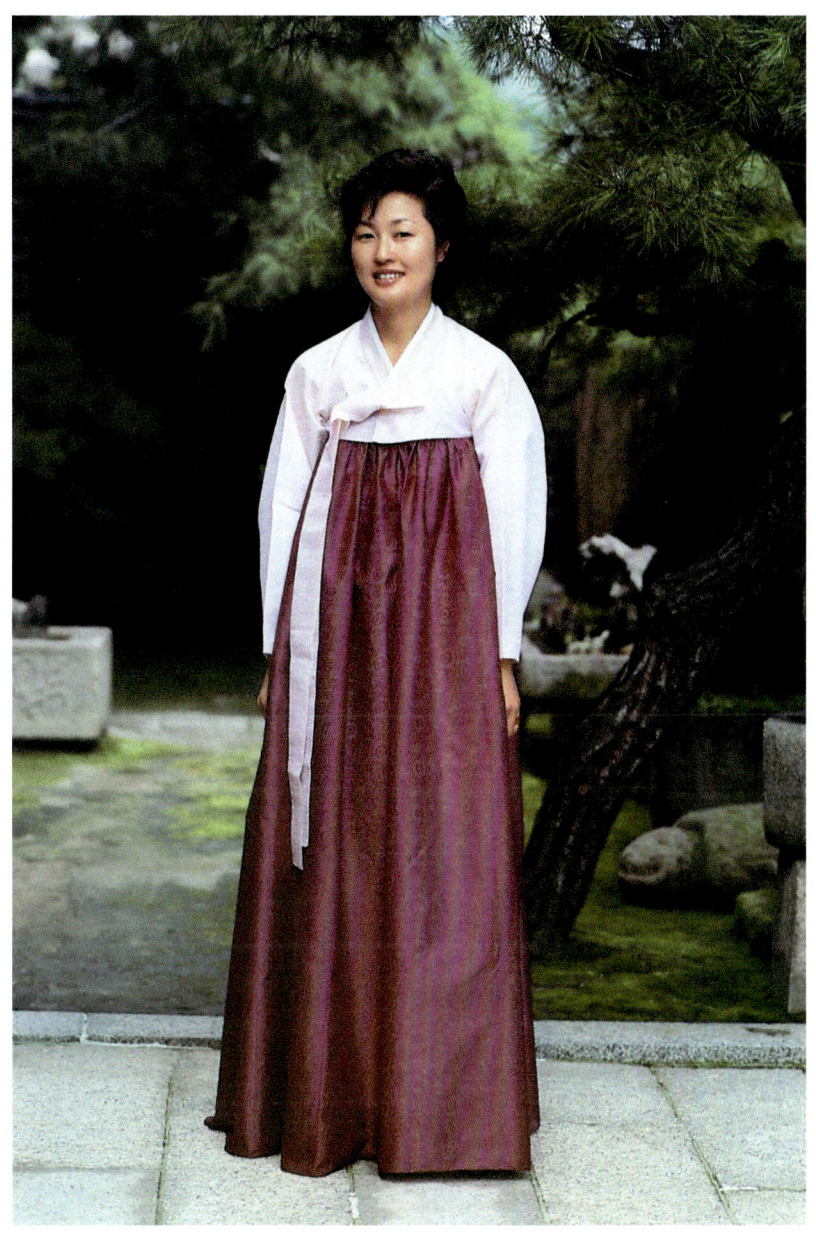

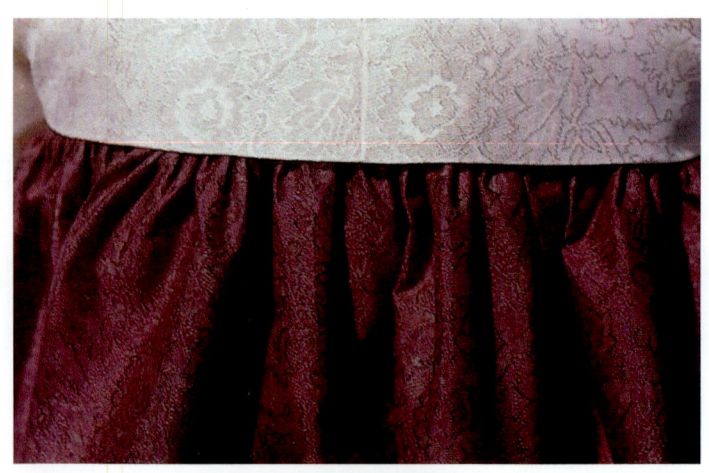

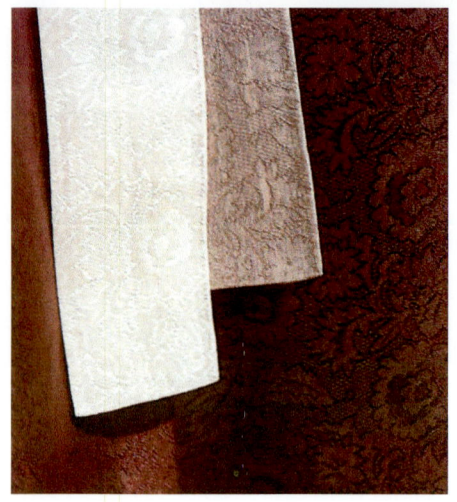

추석은 이른 해는 양력 9월에 들고 늦은 해는 양력 10월에 드니, 어느 해에는 무더위 찌꺼기가 적잖이 남아 있고 어느 해에는 선들바람이 분다. 갑사로 깨끼저고리와 치마를 지어 입으면 날이 좀 덥거나 서늘하거나 해도 크게 후회 안 해도 된다. (앞)

박씨 부인은 자주 치마에 분홍 저고리로 옷 빛깔을 맞추었다. 전통 한복의 빛깔을 따르자면 자주 치마에는 연두 저고리나 노랑 저고리를 입는 것이 옳다. 그러나 옷 빛깔이 옳다 그르다 못 박는 일은 '개성'을 앞세우는 시대에 억지스러운 일이 되겠다. (위, 아래)

해도 있다. 그러니 갑사나 노방으로 지은 깨끼저고리와 치마가 좋을지, 그런 천으로 지은 겹저고리와 치마가 좋을지, 숙고사로 지은 치마저고리가 좋을지 해마다 날짜를 헤아리며 생각해 봐야 한다. 다만 박씨 부인처럼 갑사로 깨끼저고리와 치마를 지어 입는 것이 날이 좀 덥거나 서늘하거나 크게 후회는 안 할 가장 무난한 도시 사회의 추석 차림이다.

갑사는 명주실로 무늬를 넣어 짠 천이라 그리 값싼 천은 아니다. 그래서 한복의 법도를 잘 아는 정정환 할머니의 말에 따르면 예전에는 갑사 옷 짓기가 벅차다 싶으면 모시를 잘 다듬어서 추석빔을 짓기도 했고, 아이들 옷은 어른의 옥양목 옷이나 명주옷을 뜯어 새로 물들여 지어 입히기도 했다.

남자의 전복이나 복건을 지으려면 겨울에도 꼭 쓰였으나 귀하게 여겼던 천이 갑사다. 그리하여 옷 짓고 남은 갑사 자투리 천은 모두 두었다가 조각조각 이어 색보자기를 만들어 쓰기도 했다. 또 청색과 홍색의 갑사 천을 이어서 혼사에 쓰는 보자기를 만들기도 했다.

어떤 치마를 입거나 속옷을 제대로 잘 갖추어 입어야 함은 두말할 것도 없다. 특히 갑사같이 얇은 천으로 지은 치마를 입을 때는 더욱 그렇다. 요새는 흔히 치마 안에 인조로 지은 통치마를 받쳐 입고 만다. 그러나 인조 통치마는 감이 무거워서 몸을 앞으로 구부리면 죄다 앞쪽으로 쏟아지니 겉에 입은 치마 모양을 잘 살려 주기는커녕 걸리적거리기가 이루 말할 수 없다. 그렇게 속치마가 이리 쏠리고 저리 쏠리는 것을 막으려면 그런 신식 통치마 대신에 전통 속옷인 단속곳만은 입어야 한다.

갑사는 명주로 짠 천이라 물에 만만히 빨아 입을 수가 없다. 갑사 저고리 밑에 그러니 모시 따위로 속지고리를 지이 받쳐 입으면 겨드랑 같은 곳이 땀에 후줄근하게 구겨질 염려가 덜어진다. 그럴 때면 속저고리만 자주 물에 빨아 입으면 된다.

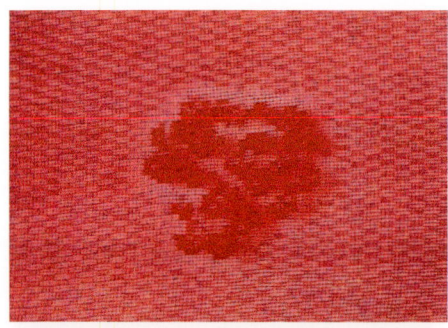

추석빔을 지을 만한 천들　위가 갑사이고 아래가 숙고사이다. 갑사는 명주실로 얇게 짠 무늬가 든 천을 일컫는 이름이다. 9월 들어서 종로에 늘어선 주단집이나 동대문 시장의 포목점에 들러 추석빔 지을 천을 구경하자 하면 그 집 주인 가운데서 열에 아홉은 갑사 두루마리를 홀홀 풀어 보일 것이다. 갑사 말고도 항라나 국사 따위 천도 가을 옷감에 들지만 얄쩍하고 잔잔한 무늬가 들고, 윤기 흐르는 갑사가 가을 문턱에 멋 내기에는 첫째이다.

　섣달그믐날에는 까치설빔, 정월 초하루에는 설빔, 사월 초파일에는 초파일빔, 오월 단오에는 단오빔, 팔월 한가위에는 추석빔, 동지에는 동지빔 따위로 이름 붙은 날에 거의 빠짐없이들 옷 지어 입던 시절은 지났다. 다만 추석이나 설날같이 아직도 온 식구가 모여 차례 지내는 일이 이어지고 있는 큰 명절에 추석빔, 설빔 같은 것이 명맥을 유지하고 있는 것은 그나마 다행이다. 그러나 이왕에 해 입을 추석빔이라면 주단집이나 '쇼윈도' 달린 한복집의, 이른바 디자이너들이 요새 유행한다 하여 추천하는 것보다는 전통 색상과 전통 맵시를 고집해 볼 만하다.

송씨 부인의 **추석빔**

경기도 과천시에 사는 송유라 씨가 추석빔 한 벌을 지었다. '명주 모시'라고 불리는 까슬까슬한 천을 시장에서 골라 끊어다가 지었다. 평소에 양장 옷가지를 마련할 때의 지혜를 살려 치맛감으로 옥색 명주 모시를 골라 놓은 뒤에 저고릿감으로는 진노랑색과 분홍색 두 감을 골랐다. 무난한 옥색 치마를 입은 위에 진노랑 저고리와 분홍색 저고리를 때때로 번갈아가며 입으면 옷 한 벌 지어 단조롭지 않게 그 옷들을 활용할 수 있겠다 싶어서 그렇게 했다.

추석빔을 지을 때는 설빔을 지을 때보다 천을 고를 적에 선택의 여지가 많다. 추석 무렵은 늦여름과 초가을이 맞닿아 있는 때라서 그렇다. 한낮에는 무더워 여름이 아직 다 안 갔다 싶다가도 해만 지면 바람결이 선들선들해서 가을이 왔음을 확인하게 되는 것이 이 철이다. 그러므로 갑사로 깨끼저고리와 치마를 짓거나, 노방으로 겹저고리와 치마를 짓거나, 잔잔한 무늬가 든 숙고사로 치마저고리를 짓거나 그 어느 것도 철에 좀 늦은 듯 이른 듯한 느낌 속에서도 얼추 그 철에 맞는 옷이 된다.

한여름에 '명주 모시'로 적삼을 지으면 땀 안 배고 바람 잘 통하여 여름나기에 더없이 좋은 옷이 된다. 그런가 하면 같은 천이라도 이번에 송

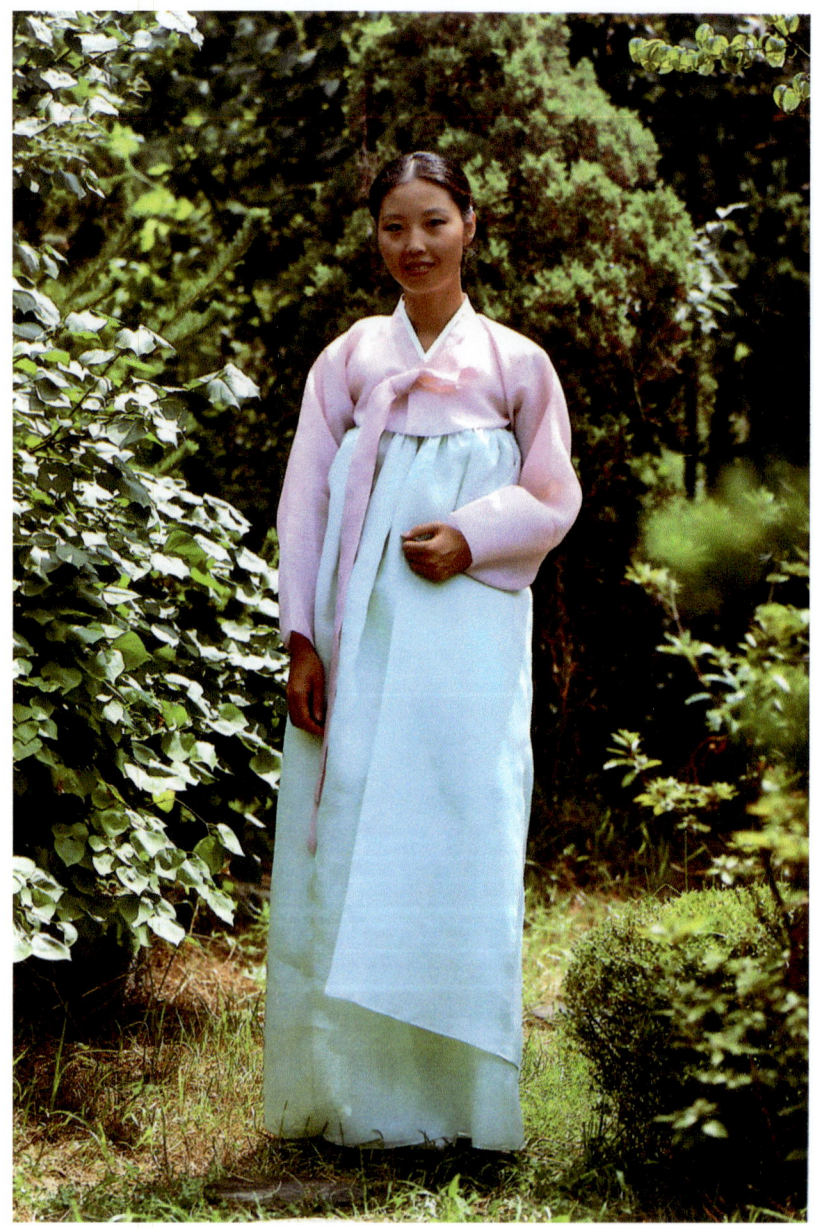

옥색 치마에 분홍빛 저고리를
입었다. 추석빔으로만이 아니
라 여름 끝무렵에도 꺼내어 입
음직하다. 키가 큰 이에게 한복
이 안 어울린다는 말이 근거 없
음은 송유라 씨가 한복 입은 태
깔을 눈여겨보면 알 수 있다.
상박하후한 한복의 구도를 결
코 큰 키가 망가뜨리지 않았다.
(왼쪽)

빛깔 다르게 지은 저고리에 매
듭단추를 달아 단출한 멋을 냈
다. (오른쪽)

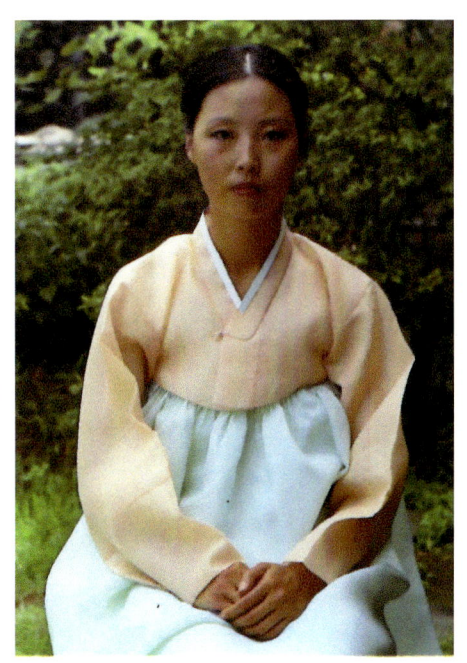

유라 씨가 지은 저고리처럼 노방으로 안감을 넣어 지으면 여름과 가을
사이의 더위 찌꺼기 남은 철을 쾌적하게 지내기에 알맞은 옷이 된다.

　명주 모시란 어떤 천일까? '수직 모시아사'와 마찬가지로 생명주 실
을 소재로 하여 모시처럼 사각사각한 손맛이 나게 짠 천이다. 다만 수
직 모시아사는 그 올의 결이 쪽 고르게 짜여 있어 질감이 곱다랗고, 명
주 모시는 손명주처럼 씨올이 덜 고르게 짜여져서 좀 더 질박한 질감을
지녔다.

　이번에 빛깔 다르게 지은 저고리 둘에 하나는 제대로 고름을 달았고,
또 하나는 매듭단추를 달았다.

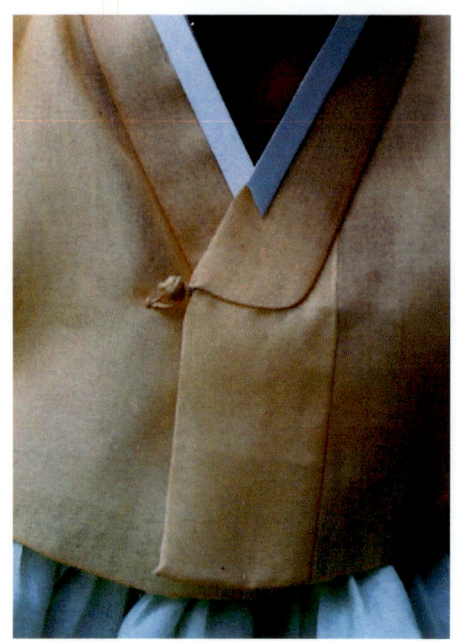

키가 큰 이일수록 한복 지을 적
에 저고리 깃을 밭게 달고 너무
좁은 깃에 칼같이 날카로운 동
정은 피할 것이며, 도련을 도련
보다 좀 궁글려 짓는 것이 좋다.

　변화를 주려고 저고리 두 개를 한꺼번에 지었으니 추석빔으로만이
아니라 여름 끝무렵에도 꺼내어 입음직한 옷인 바에야 하나는 매듭단추
로 여며 단출한 멋 내어 입고, 또 하나는 고름 매어 제대로 차려 입으려
고 그랬다.

　키가 큰 이에게 한복이 안 어울린다는 말이 근거 없음은 송유라 씨
가 한복 입은 태깔을 눈여겨보면 알 수 있다. 다만 키가 큰 이일수록 한
복을 지을 적에 저고리 깃을 밭게 달고 너무 좁은 깃에 칼같이 날카로운
동정은 피할 것이며, 도련을 평도련보다 좀 궁글려 짓는 것이 좋다. 그
리고 그 밑에 허리께는 풍성하고 그 풍성함이 발치에서 보기 좋게 오므
라진 항아리 모양의 치마를 받쳐 입으면 그 상박하후한 한복의 구도가
결코 키 크다고 망가지지는 않을 것이다.

김씨 부인의 **초봄 덧저고리**

"가을에는 일찍 입고 봄에는 늦게 벗어라." 노인들이 추위가 오거나 가는 계절에 젊은 사람들한테 뇌는 말이다. 추위 무장은 일찍 하고 늦게 풀어 환절기 감기에 걸리지 않도록 하라는 당부이다. 그러나 젊은 사람들 마음이야 어디 그럴까? 한겨울을 두터운 옷차림으로 갑갑하게 나고 나면 봄이 좀 더디 와도 철을 앞질러 겨울 외투 차림을 면해 보고 싶어지는 때가 3월 언저리이다. 풀솜을 둔 양단 두루마기가 한겨울 옷이라면 그런 두루마기는 벗었으면 싶은데, 벗으면 아직 추운 이때 입기 좋은 옷이 바로 덧저고리이다.

북한 지방에서 한겨울에 여자들이 입던 겉옷에 갖저고리가 있다. 갖저고리는 애양털이나 토끼털을 비롯한 동물의 털가죽을 기름 빼고 부드럽게 하여 옷 안에 댄 추위막이 저고리이다. 또 '배자'라고 하여 저고리 위에 덧입는 조끼처럼 생긴 옷이 있다. 안에 털가죽을 갖저고리처럼 대고 녹피(사슴의 털가죽)로 가장자리를 돌아가며 테를 둘러 모양을 낸 방한복이다. 개성에서는 이 배자를 '어깨때기'라 불렀다고 한다. 그 옷이 남한 땅에서도 많이 보인 것은 8·15 해방 뒤라고 한다. 그 무렵에 북쪽의 제 고향에서 입던 옷가지들을 들고 남쪽으로 옮겨 온 이들이, 길이가

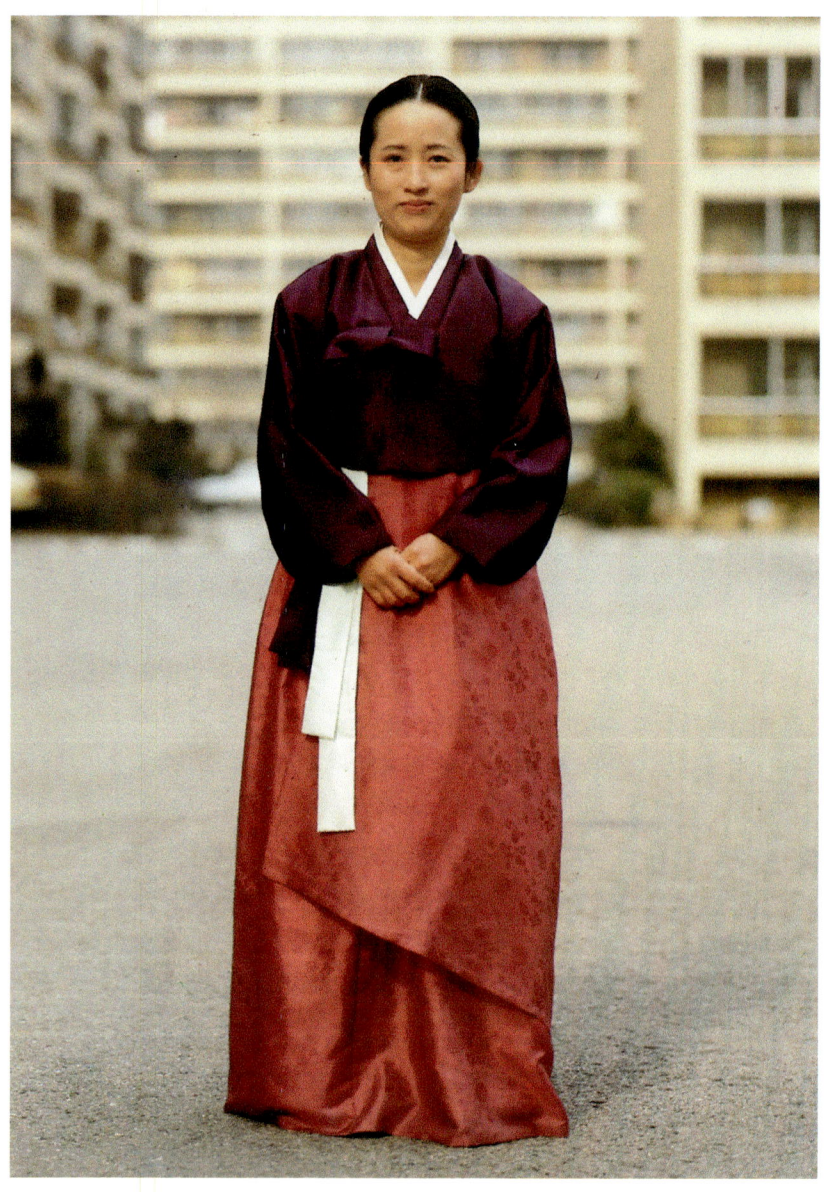

관사 홑겹 치마와 방초 저고리 위에 아직 쌀쌀한 봄바람에 맞게 덧저고리를 외투로 입은 김인자 씨

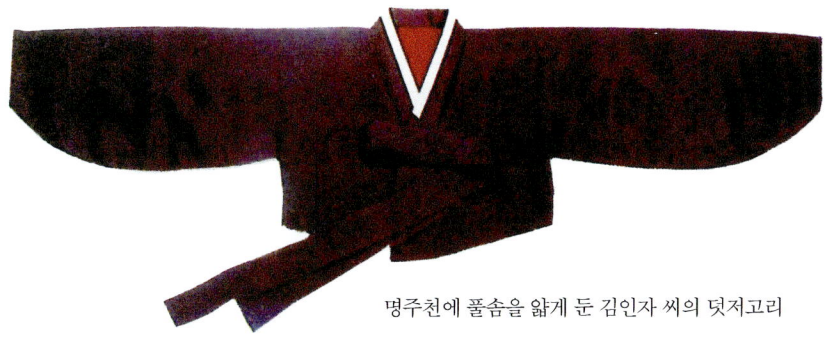

명주천에 풀솜을 얇게 둔 김인자 씨의 덧저고리

긴 것은 허리춤까지 한두 치쯤 내려오는 갓저고리를 입고 많이들 다녔다고 한다.

그 갓저고리와 같은 모양에 솜이나 풀솜을 아주 얇게 두어 이른 봄에 저고리 위에 두루마기 대신에 간단히 입고 다니도록 지은 옷이 김인자 씨가 지어 입은 덧저고리이다.

김인자 씨의 덧저고리는 짙은 가지색 명주천으로 지었다. 그 안에는 덧저고리만큼 아주 얇게 풀솜을 두어 옥색 방초로 지은 저고리를 입었고, 치마는 무늬 있게 짠 관사 홑겹 치마를 입었다.(물론 안에는 무명으로 지은 단속곳과 바지를 갖추어 입었으니 홑치마라고 춥지는 않다.)

이 덧저고리는 봄에 입을 것인 만큼 저고리보다 세 치쯤만 길게 길이를 잡아 지었다.(덧저고리 길이는 입을 이에 따라 얼마만큼 융통성 있게 잡을 수 있다.) 안에 입은 옥색 저고리 고름도 요사이의 여느 저고리 고름보다는 단출하게 좀 짧고 폭 좁게 달았지만 덧저고리에는 그보다도 좀 더 짧게 고름을 달았다. 저고리 둘을 겹쳐 입게 되는데, 덧저고리 고름이 길면 고름 네 가닥이 긴 길이로 펄렁거려 좀 거추장스럽게 보일 듯해서 덧저고리 고름을 더 짧게 단 것이다.(그리고 본디도 덧저고리 고름은 짧고 좁은 게 원칙이어서 고름이 아주 짧은 경우에는 덧저고리 길이를 넘지 않기도 했다.)

　김인자 씨가 입은 덧저고리와 저고리의 고름이 매어진 맵시를 눈여겨볼 만하다. 요즈음의 눈으로 보자면 좀 더 '질끈' 매어져 있다. 그리하여 살짝 매어 무 토막처럼 통통하게 보이는 요즈음의 맺음과는 좀 달리 보인다. 그러나 그 모양새는 고름의 본디 기능에 더 충실한 것이다. 고름을 고름답게 매자면 맺음의 넓이가 '고' 넓이의 3분의 2쯤 되게 하면 좋다. 그래야 옷차림이 끝맺음이 되어 보인다.

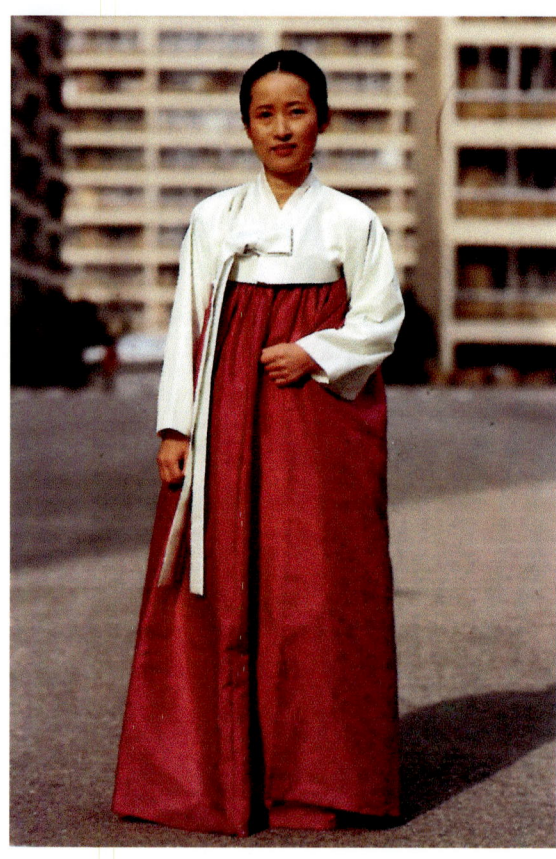

김인자 씨의 치마저고리　저고리에는 얇게 풀솜을 두었다. 치마는 홑겹치마이나 그 안에 무명으로 지은 단속곳과 바지를 입었기 때문에 풀솜 둔 저고리만큼 따뜻하다.

연변 무용인 조인혜 씨의 가을 두루마기

    중국 길림성 연변 '조선족 자치주'에 소속된 연변가무단의 무용 배우인 조인혜 씨가 전통 무용을 배우느라고 서울에 머무는 동안에 전통 한복을 한번 지어 입었다.

    저고리는 은행빛 양단으로 치마는 붉은 자줏빛 양단으로 지었고, 두루마기는 맑은 가을 하늘빛 양단으로 겉감을 하고 안감은 옥빛 공단을 넣어 지었다. 치마저고리는 안감을 '주아사'라는 얇은 비단으로 넣어 겹으로 지었다. 그러니 서울보다 기온이 낮은 연변에서 입기에도 큰 부담이 없을 듯하다. 치마저고리의 빛깔로나 차분하고 도타운 전통적인 모양으로나 크게 트집할 이 없이 무난할 듯하다. 게다가 한여름과 한겨울을 빼고는 꽤 두루 입을 수 있는 듯하니 좀 더우면 치마저고리만 입고, 좀 추우면 두루마기까지 입으면 될 터이다. 옷을 허술히 입어 자칫하면 겨울보다 더 춥게 느껴지는 늦가을 날씨에 겹치마저고리와 겹두루마기를 입으면 남 보기에 너무 두텁게 입은 듯하지 않으면서도 추위를 만만하게 견딜 수 있다.

    매스컴으로 여러 번 소개된 연변 조선족의 생활 모습을 담은 필름에서 보았듯이 그곳 여자들은 풀치마보다는 통치마를 곧잘 입는다. 조인혜 씨의 말에 따르면 "통치마는 좀 짧게 입고, 아래위가 동일한 색을 흔히 입고, 따로 입어도 색을 맞춰 입는다."고 한다.

치마를 짧은 통치마로 짓고 어깨허리를 달아 입기 시작한 우리나라에 서양 문물이 본격적으로 들어오기 시작한 때는 1910년대라고 한다. 그 무렵에 이화학당을 비롯한 여러 여학교에서 흰 저고리와 검정색 짧은 통치마를 교복으로 입기 시작하고 여자들의 사회 참여가 활발해지자 긴 풀치마보다는 활동하기에 편안한 짧은 통치마가 온 나라에 퍼졌다. 연변에서도 그 무렵부터 여자들의 활동이 많아짐에 따라 활동하기에 거추장스럽지 않고 실용적인 짧은 통치마를 많이 입기 시작했으니, 요즈음까지도 작업장에 나가 일하는 젊은 여자들은 주로 짧은 통치마를 입는다. 그렇지만 나이가 든 노인들은 전통적인 긴 풀치마를 지어 입는다고 한다.

연변에서 조선 사람들이 한복 입은 모습을 가장 많이 보게 되는 때는 자치주 성립 행사가 있는 9월 3일이나 광복절이기도 하고 노인절이기도 한 8월 15일이다. 그때가 되면 연변에 사는 모든 조선 사람이 한복을 입고 나와서 함께 행사를 치른다고 한다.

여자의 두루마기는 개화기에 이르러 바깥나들이가 잦아지고 활동이 자유로워지자 장옷, 처네, 쓰개치마, 너울 같은 가리개를 넘어서는 쓰임새와 모양새를 지닌 겉옷이 필요하게 되어 일정 시대부터 본격적으로 널리 퍼졌다.

요즈음에 짓는 두루마기는 겉감과 안감을 모두 양단으로 짓기도 하는데, 조인혜 씨의 것과 같이 겉감을 양단으로 하면 안감은 은은한 광택이 나는 공단으로 해서 걸어다닐 적마다 살짝살짝 보이는 공단의 은은한 맛을 느껴 보는 것도 좋겠다. 덧붙이자면, 예전에는 흔히 무명옷에는 명주 안감을, 비단옷에는 무명 안감을 썼다고 한다.

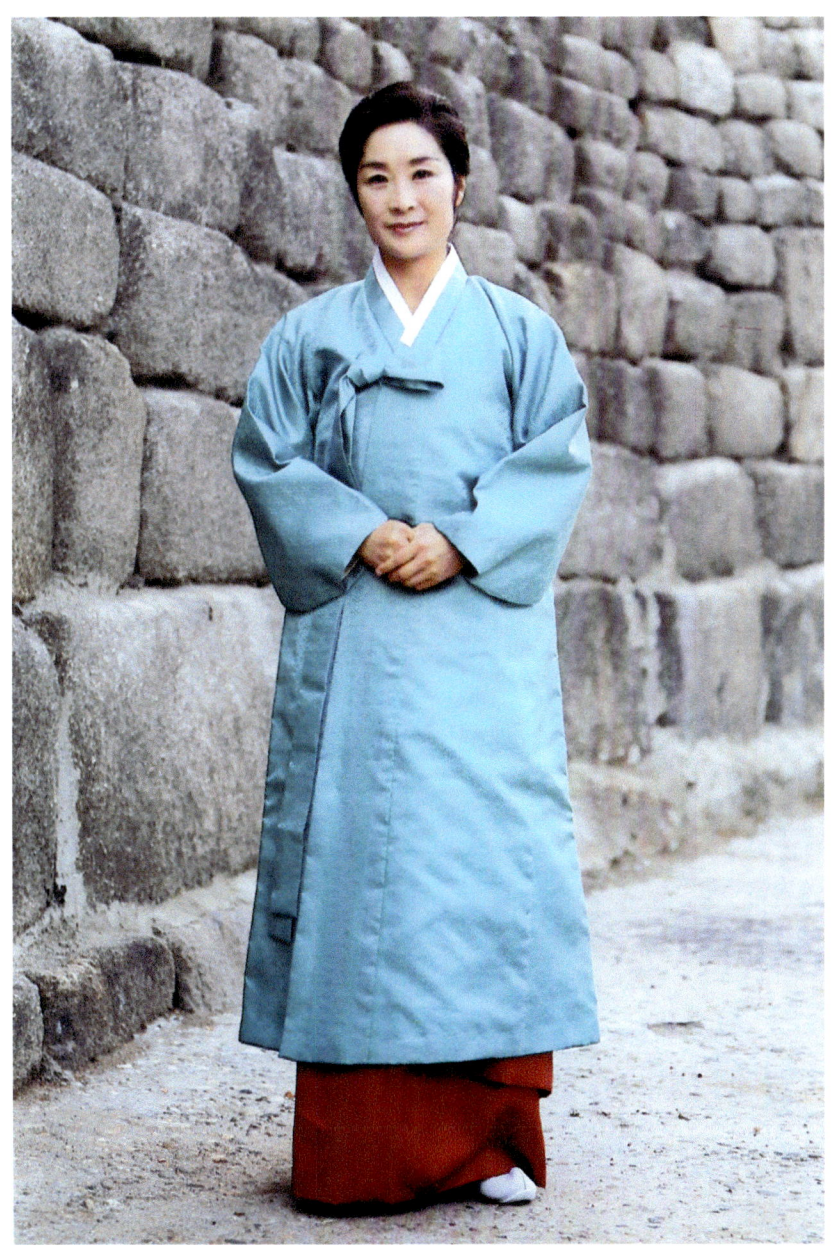

조인혜 씨의 저고리도 깃은 바투 해서 목선을 따뜻하게 감싸고, 고름은 짧고 좁게 달아 좀 더 '잘끈' 묶어 긴장감을 주고 배래는 밋밋할 정도로 칼배래기로 해서 전체 분위기가 포근하면서도 야무진 매무새가 되게 했다. 예전에는 치마허리를 요즈음처럼 치마와 같은 천으로 하지 않았으니, 비단 치마에는 흰 무명이나 광목으로 지어 달았다. 흰 무명 치마허리나 광목 치마허리는 흘러내리지도 않을 뿐더러 어쩌다 팔을 들어 올렸을 때도 드러나는 청초한 흰색이 정결해 보여 좋다.

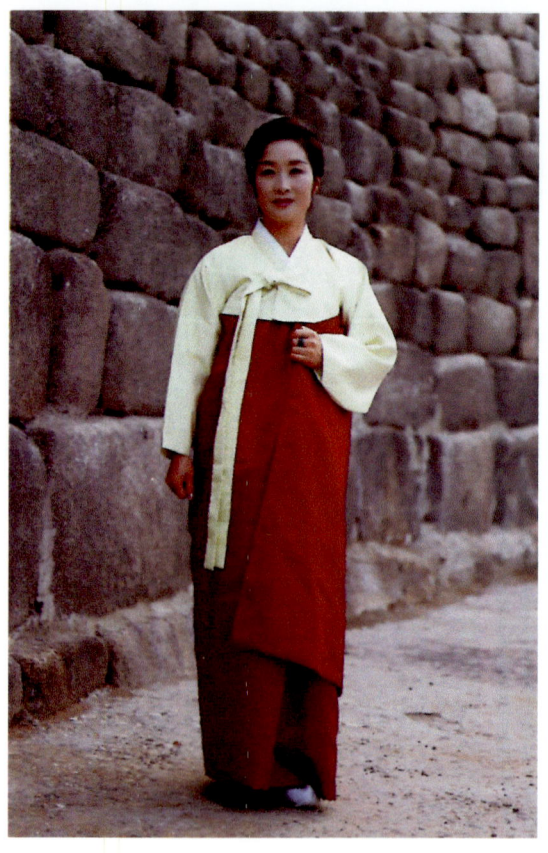

은행빛 양단 저고리와 붉은 자줏빛 양단 치마를 입고 그 위에 맑은 가을 하늘빛 양단으로 지은 두루마기를 빈틈없이 야무지게 차려입고 서울 혜화동 돌담 밑에 선 조인혜 씨 (앞)

조인혜 씨의 저고리는 깃이 받아서 목선을 따뜻하게 감싸고, 고름은 짧고 좁게 달아 좀 더 '잘끈' 묶어 긴장감을 주고, 배래는 밋밋할 정도로 칼배래기로 해서 전체 분위기가 포근하면서도 야무진 매무새가 되게 했다.

한씨 부인의 가을 누비저고리

　　재봉틀이 없던 옛날에는 누비옷 짓는 일이 여자들의 바느질로는 가장 더디고 애먹고 공드는 일이었다. 누비 바느질을 할 때는 대나 나무를 길이 25센티미터, 지름 2센티미터쯤 되는 원통형으로 다듬어 만든 '밀대'라 부르는 것을 누비감 밑에 받쳐 놓아 안팎의 감이 밀리지 않게 하고 정교하게 손으로 한 땀 한 땀 누볐다. 누비에는 호아 누빈 자리가 만드는 무늬에 따라 줄누비·잔누비·오목누비·납작누비·잔주누비 따위가 있고, 치마·남녀 저고리말고도 남녀 두루마기·남녀 바지·여자 속바지·버선·이불·아기 업을 때 두르는 처네·포대기 들도 여러 방법을 써서 누벼 짓곤 했다.

　　누비는 겹으로 짓는 옷의 안에 둔 솜이 따로 도는 것을 막기 위해 듬성듬성 실로 호아서 안팎 감 사이에 솜을 고정시키는 바느질인데, 홈질한 자리가 저절로 만들어 내는 고른 무늬가 덤으로 색다른 멋을 낸다. 특히 촘촘히 잔누비질하여 저고리를 지으면 얌전하고 단정하고 탄탄해 보이는 빈듯한 맵시가 일품이다.

　　누비 바느질은 본디 추운 몽고 지방에서 시작되었다고 한다. 우리나라에서는 무덤에서 출토된 유물로 보아서 조선 시대 초기부터 누빈 옷

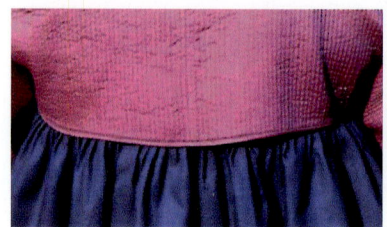

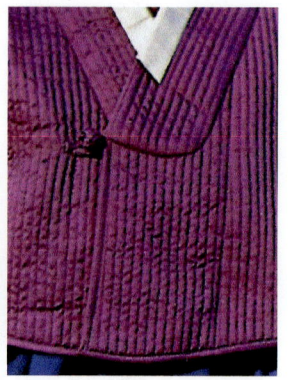

목공단을 누비면 질박한 무명 맛이 살아나며, 누빈 천으로 저고리를 지을 때면 말라낸 끄트머리를 같은 천으로 덧대어 호아서 마무리해야 한다. (왼쪽, 오른쪽)

을 지어 입기 시작했을 것으로 미루어 짐작된다. 그 전통은 6·25 난리 전후까지 이 나라에 이어져 오다가 육칠십 년대에 한복 자체가 제자리를 잃음과 함께 자취를 감추다시피 했다.

그 뒤로 70년대 말쯤에 중국풍의 겉옷이 여자들의 패션에 유행을 타고 번져 야한 중국 비단을 닮은 찬란한 빛깔의 화학 섬유를 어슷어슷 누빈 겨울 웃옷을 너도나도 입었던 적이 있다. 또 그 뒤에는 누비 파카가 장안을 휩쓸어 남자고 여자고 두툼한 '퀼트', 곧 양식 누비옷을 좋아라 하고 외투 삼아 입었다. 그리고 그런 서양식 퀼트에서 영감을 얻었는지 80년대 중반 겨울부터 서울의 이른바 한복 디자이너라는 이들이 신식 여자 한복을 누벼 선보이기 시작했다.

요새는 손으로 천을 누비는 시간 잡아먹고 힘 빼는 일을 안 해도 된다. 재봉틀이 사람 손 대신에 손보다 훨씬 더 재빠르게 천을 누벼 주기 때문이다.

누비옷은 좀 쌀쌀한 가을부터 초봄까지 입는 평상복이다. 봄이나 가을에는 따뜻하라고 입기보다는 멋으로 입으므로 솜도 매우 얇게 두고 아주 촘촘히 누벼야 보기 좋다. 이에 견주어 겨울에 추위막이로 입을 누

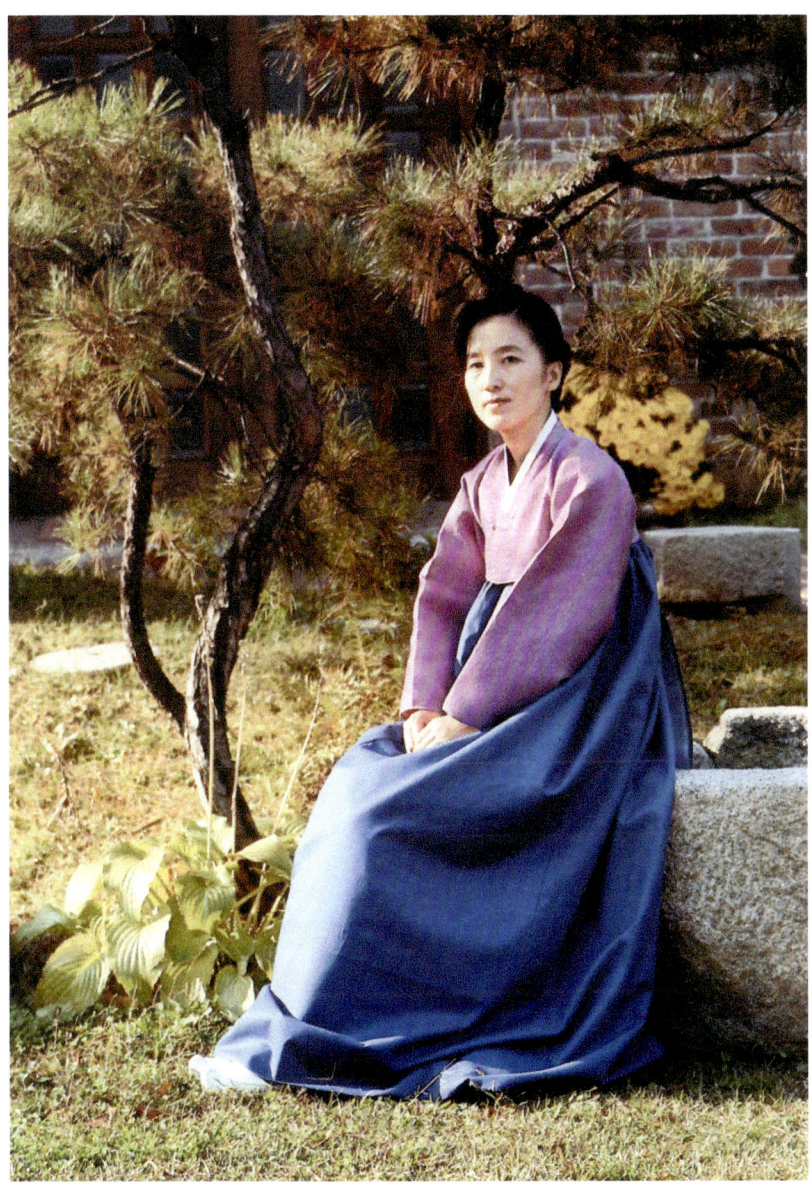

무명은 비단보다 만만한 천이다. 옷 지어 입었을 때 몸에 닿는 촉감이 비단과는 또 다른 편안함을 준다. 구김도 적을 뿐더러 구겨진들 그리 옷태가 덜하지 않다.

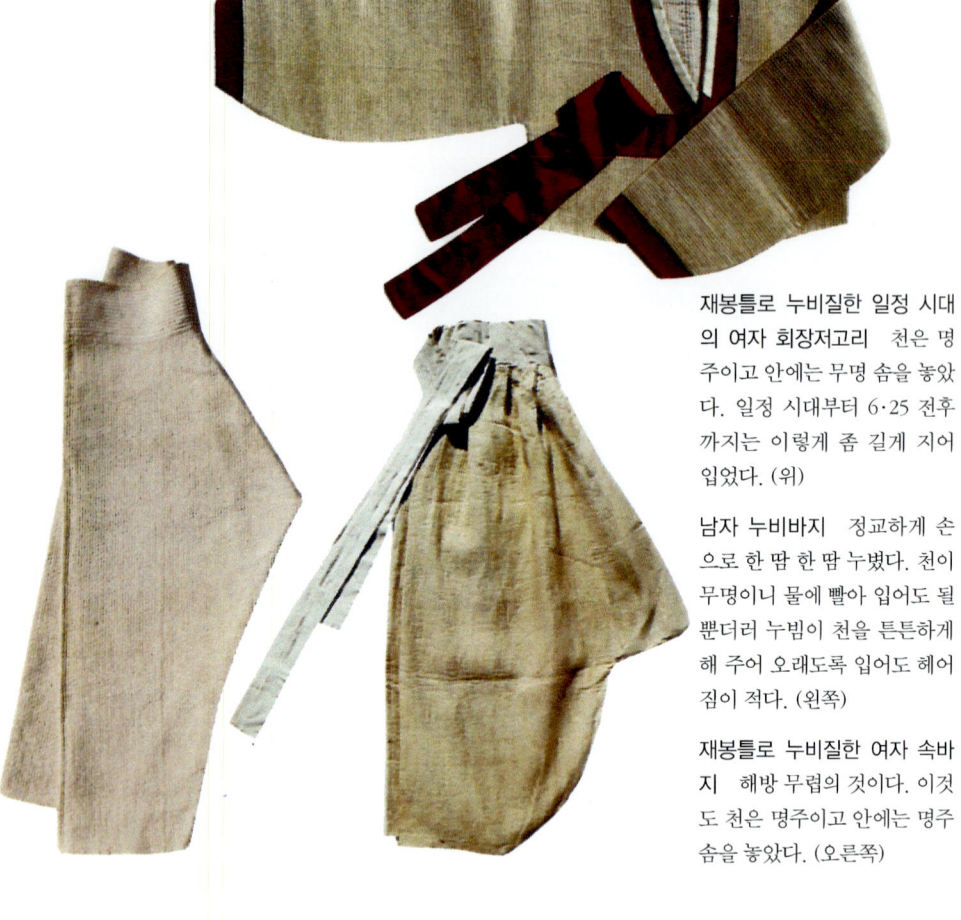

재봉틀로 누비질한 일정 시대의 여자 회장저고리 천은 명주이고 안에는 무명 솜을 놓았다. 일정 시대부터 6·25 전후까지는 이렇게 좀 길게 지어 입었다. (위)

남자 누비바지 정교하게 손으로 한 땀 한 땀 누볐다. 천이 무명이니 물에 빨아 입어도 될 뿐더러 누빔이 천을 튼튼하게 해 주어 오래도록 입어도 헤어짐이 적다. (왼쪽)

재봉틀로 누비질한 여자 속바지 해방 무렵의 것이다. 이것도 천은 명주이고 안에는 명주 솜을 놓았다. (오른쪽)

비옷은 솜을 그보다 두툼히 두고 좀 넓은 간격으로 누빈다. 특히 누비저고리로 말하자면 보드랍게 몸에 잘 감기고 따뜻한 기운을 품게 하려면 넓은 간격으로 누비고, 덜 따뜻하더라도 맵시를 제대로 내고 싶으면 촘촘히 누빈다. 그 안에 고운 옥양목이나 명주로 지은 속적삼을 받쳐 입기도 한다.

수원에 사는 한소영 씨가 입은 누비저고리는 얄팍하게 솜 두고 맵시 있게 촘촘히 누빈 봄가을에 잘 어울릴 옷이다. 저고리는 진한 진달래 빛

목공단으로, 치마는 감색 나단으로 서울 동대문 시장에서 끊어다가 지었다. 나단과 목공단은 둘 다 목화솜에서 자아낸 실로 공장에서 짠 무명천이다. 목공단은 본디 광택을 지닌 천이나 촘촘히 누비면 번드르한 기운이 없어져 질박한 무명 맛이 살아난다. 나단은 사선 무늬가 나게 짜는 직조 방법인 능직으로 짠 무명이다.

무명천은 값이 싸다. 폭이 44인치인 무명천으로 이 옷을 지으려면 저고릿감으로 한 마 일곱 치, 치맛감으로 두 마 일곱 치만 끊으면 넉넉한데 저고릿감과 치맛감이 둘 다 한 마에 1,800원씩 하는 천이다. 그 대신에 촘촘히 누비는 데 돈이 좀 들었다. 누비 일을 전문으로 하는 이불 가게에 맡겨 이 저고릿감을 솜 두어 제 색 명주실로 누벼 오는 데 삯이 16,000원 들었다.

그러나 누비옷은 무명천으로만 하는 것은 아니다. 명주옷, 비단옷도 누벼서 입을 수 있다. 다만 물빨래를 해서 입을 요량이면 무명천이거나 명주거나 누비기 전에 천을 물에 담가 미리 줄어들게 하여 손질한 다음에 누벼 지어 입는 것이 좋을 따름이다. 또 물빨래를 해서는 짜지 말고 광주리 같은 것에 넣어 두었다가 물기가 가시고 구덕구덕해진 다음에 그늘 속의 빨랫줄에 널고 다 마르기 전에 손으로 당기고 만지고 하여 제 모양을 잡아 주는 것이 좋다.

누비천으로 저고리를 지으려면 보통 저고리 지을 때보다 공이 많이 든다. 섶 가장자리와 도련, 소매 끝을 빠짐없이 돌아가면서 저고리와 같은 천을 덧대어 호아서 누빈 천의 말라낸 끄트머리를 단정히 마무리해 주어야 한다. 또 누비옷은 빳빳한 기운이 있어서 소매통을 보통 저고리보다 조금 좁게 말라 지어야 힘도 잊으면 인 된다.

저고리 안에 놓은 솜은 목화솜이다. 누비옷에 두는 가장 보편적인 솜이 목화솜이고, 그보다 더 따뜻한 걸 찾자면 풀솜도 있다. 목화솜이나 풀솜이 비싸다 싶으면 그보다 값싼 화학솜을 놓아도 나쁠 것은 없다.

이 저고리에 단 동정도 공들인 동정이다. 요새 흔히 딱딱한 종이에 나일론 천을 붙여 만들어 파는 형광색 나는 동정이 싫어서 한지에 얇은 삼팔 명주를 붙여 만든 옛날식 동정을 달았다. 얼핏 보기에는 나일론 동정만큼 반반하게 놓이지 않고 좀 구겨진 듯하나 유심히 보면 이 동정은 빛깔도 자연스러운 소색을 띠고 있고, 모양도 요새 동정처럼 칼날 같지 않은 것이 매끈하고 좁은 요새 동정에 견줄 바가 아니다.

치마도 솜을 얇게 놓아 줄줄이 누벼 입는 경우가 없지 않으나 누벼 지어 더 보기 좋은 쪽은 아무래도 저고리이겠다.

누비옷은 물에 빨아 입어도 되는 실용적인 옷임은 이미 말한 대로이고, 누빔이 천을 튼튼하게 해 주어 오래도록 입어도 헤어짐이 적다. 그래서 예전에는 어른 옷도 누볐지만 금세 해지는 아이들 옷을 더 곧잘 누벼 입혔다. 두어 살 먹어 아직 똥오줌 가리지 못하는 아이들에게 입히던 풍차바지나 그 위에 입히던 더그레 따위를 비롯하여 예닐곱 살 먹은 아이들의 옷가지에도 누빈 것이 많았다. 어른이 입던 옥양목이나 무명옷을 뜯어 탄탄히 누벼 지어 입히면 빨기 좋고 따뜻한 옷가지를 돈 안 들이고 댈 수 있어 좋았다. 또 이색 저색의 자투리 천을 이어 붙여 색동저고리를 만들어 입힐 때도 이음새를 겉으로 드러나게 호아서 색동 누비 저고리를 짓곤 했다.

온갖 서양 옷이 판을 치고 나서야 이 나라에 다시 한복이 되돌아오고 있는 경향이 있다. 그리고 온갖 신식 한복이 판을 치고 있으나 그와 동시에 아름답고 세련된 옛날식 한복감, 옛날식 한복 바느질을 찾는 바람이 요새 확실히 일고 있다. 누비옷의 아름다운 매무새를 창조하는 누비 바느질도 올해부터는 이 나라의 여자와 남자들이 틀림없이 더 찾게 될 터이다.

지허 스님의 **가사 장삼**

　전라남도 승주군 조계산 동남쪽 기슭에 있는 선암사는 해마다 4월이면 온 경내가 매화 향훈으로 그윽하다. 그곳에서 선암사 총무 승려 지허 스님을 만났다.

　지허 스님을 재촉하여 그의 10년쯤 된 봄옷 모두를 구경했으니, 지허 스님의 손무명 '동방의(긴 저고리)'와 바지, 두루마기, 장삼, 가사 머리에 쓰는 송낙을 두루 살펴보기로 하자.

　본디 불교 승려들의 옷으로 가장 중요한 것은 가사이다. 범어인 '가사야', 곧 '부정색'이라는 뜻의 말에서 그 이름이 나왔다. 이는 천 하나로 온몸을 가리는 인도의 옷으로부터 이어져 온 것이며, 석가모니가 남들이 버린 천 조각을 주워 기워 입어 시작되었다. 그 뒤로부터 스님들은 고행과 수행을 뜻하는 가사를 천 조각으로 기워 만들어 가장 중히 여기며 걸쳐 왔다. 대개 조각이 많은 것일수록 수행과 정법이 깊은 스님들만이 걸칠 수 있다고 한다.

　그이가 보여 준 가사는 그이의 '법사 스님'으로부터 물려받은 기시인데, 몇 대를 걸쳐 내려온 중국 비단으로 지은 150년쯤 된 가사이다. 이 가사는 지허 스님에게는 매우 귀중한 것이어서 한 해에 한두 번 큰 법회

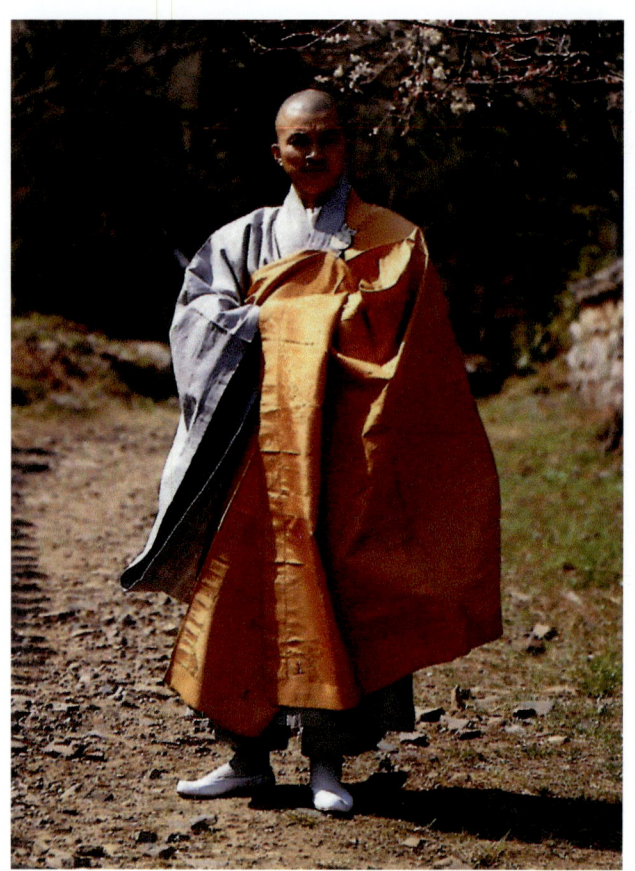

누런색 가사와 숯 물 들인 장삼을 갖추어 입은 지허 스님 불가의 전통 가사 색은 붉은색과 누런색이라 한다. 가사를 걸칠 때는 왼손을 가슴에 얹고 오른손으로 가사 자락을 잡아 자못 흐트러지기 쉬운 매무새를 뒷단속해야 한다고 한다. (위)

고려 선종이 대각국사에게 내린 가사 선암사에 보관된 것이다. 한복판에는 '일월광'이, 네 귀에는 '천왕'이 수놓인 이 가사는 가장 큰스님이 입게 되어 있는 스물다섯 조각짜리이다. 그 스물다섯 조각의 한 조각 한 조각은 다시 바느질 땀으로 긴 네모 넷과 짧은 네모 하나로 나뉘어졌고, 그 칸칸에는 삼보, 곧 부처와 경전과 고승의 이름이 새겨져 있다. (아래)

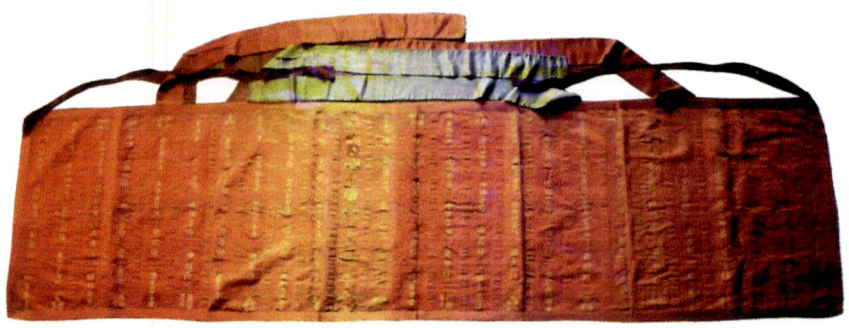

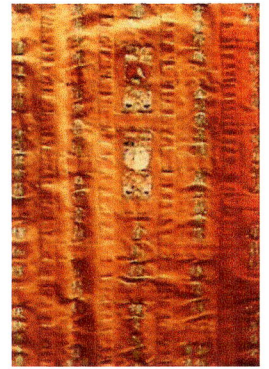
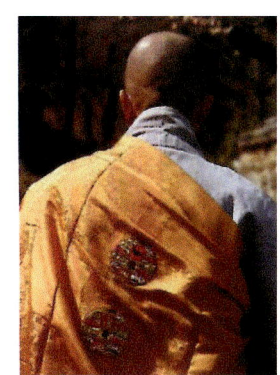

대각국사 가사의 한복판에
수놓인 일월광 (왼쪽)

지허 스님이 자신의 '법사
스님'으로부터 물려받은
150년쯤 된 가사의 한복판
에 수놓아진 일월광이다. 일
월광은 불법에서 무한 광명
을 뜻하는데, 우리나라 스님
들이 그 조형을 만들어 냈다
고 한다. (오른쪽)

가 있을 때밖에는 걸치지 않는다 한다. 보통 때는 열 몇 조각을 이어 만
든 '승가리'라 부르는 법복인 '홍가사'를 걸친다.

가사의 여밈은 고름과 장석과 단추 중 어느 것으로 해도 어긋나지 않
는다. 지허 스님의 누런 색 가사는 백동 장석으로 여미게 되어 있고, 백
동 장석에 새긴 점무늬 세 개는 계율과 선정과 지혜를 닦는 사람임을 뜻
한다고 한다.

우리나라에서는 스님들이 전통적인 승복 위에 직사각형의 가사를 걸
쳤는데, 네 귀퉁이에는 '하늘 천' 자와 '임금 왕' 자를 수놓고―네 귀에
새겼다 하여 '사천왕'이라 한다.―한가운데는 '일월광'을 수놓는다. 가
사에 천왕 글자를 붙임은 중국 불교에서 정법을 수호했고 혁신적이었던
육조 혜능 대사가 권세를 위주로 하는 스님들에게 쫓기다가 정법을 위
해 죽음을 내놓겠다고 결심하고 가사를 바위 위에 올려놓고 그 위에 앉
아 가부좌를 트니 하늘의 천왕이 가사의 네 귀를 잡아 올려 그이를 보호
했다는 이야기에 따른 것이다. 그 뒤부터 가사의 네 귀에 천왕 글자를
붙여 정법을 수호함을 나타내게 되었다 한다. 네 귀에 붙이는 천왕 글자
는 이처럼 중국으로부터 들어온 것이나 가사의 한복판에 수놓는 일월광

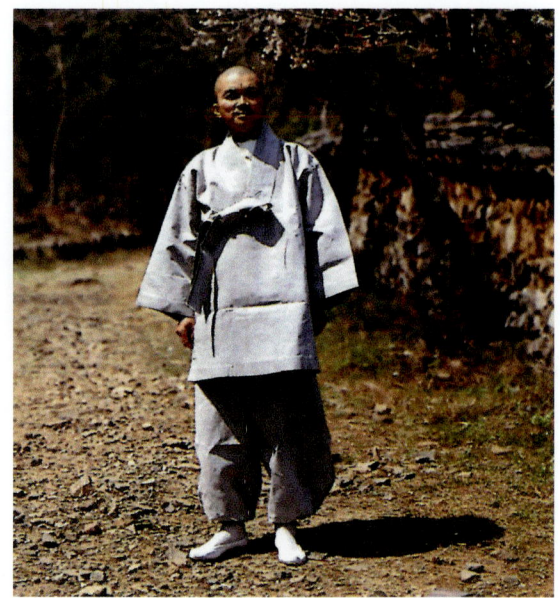

스님들이 늘 입는 옷은 동
방의와 바지이다. 고려 때
부터 지어오던 대로라면
동방의는 지허 스님이 입
은 동방의처럼 엉덩이를
덮어야 제 길이이고, 깃도
넓고 발아야 제 모양을 갖
춘 것이라고 한다.

은 우리나라 스님들이 만들어 낸 것이다. 일월광은 불법의 무한 광명인
'대광명'과 '대적광'을 뜻하니, 일광으로는 해를 상징하는 동그라미 안에
다리가 세 개 달린 까마귀 수를 놓고, 월광으로는 달을 상징하는 동그라
미 안에 토끼 수를 놓는다.

　가사의 색은 인도로부터 중국을 거쳐 들어온 색인 누런색이나 붉은
색이어야 하는데, 예전에는 치자나무 열매를 풀어 누런 물을 들이거나
6월 장마 들기 전에 잇꽃을 따다 붉은 물을 들였다 한다. 그러나 1953년
에 생긴 불교 분규 뒤부터 한 큰 종파에서는 불가에서 쓰지 않았던 색을
받아들여 밤색에 사천왕과 일월광이 없는 다섯 조각의 보자기 같은―다
섯 조각 가사는 '안타회'라 하여 일할 때 걸치는 가사이다.―약식 가사
를 걸치기도 한다.

스님들이 입는 옷은 동방의와 바지, 두루마기이다. 옷감은 예부터 토박이 천인 무명을 많이 썼으니 지허 스님의 동방의와 바지도 약간 굵은 듯한 아홉새 굵기의 덜 고르게 짜여져 질박한 질감을 가진 무명으로 지은 홑옷이다. 본디 동방의는 지허 스님이 입은 동방의처럼 저고리 길이보다 길어야 하며 엉덩이를 덮어야 고려 때부터 지어오던 대로의 제 길이이고, 깃도 요즈음 저고리 깃 하듯이 폭이 좁지도 축 처지지도 않아야 제 모양을 갖춘 불가의 동방의라 하겠다. 그러나 이마적 스님들로 진짜 동방의를 갖추어 입은 모습은 보기 힘들다. 거의 허리춤에서 끝나는 길이의 회색 합성섬유 저고리를 서양식 내의 위에 입어 움직일 때마다 속에 입은 추리닝이나 흰 속옷이 보이기 일쑤다.

스님들은 보통 일할 때만을 빼놓고 동방의와 바지 위에 두루마기를 입는다. 또 두루마기까지 입어야 잘 갖춘 외출복이 되며, 행랑이나 바랑을 짊어질 준비가 된 것이다. 그러나 두루마기는 출가한 모든 이들이 입는 것은 아니다. 지허 스님의 말에 따르면 처음으로 출가하여 여섯 달에서 한 해쯤이 걸리는 행자 기간에는 두루마기를 입을 수 없다 한다. 두루마기뿐만이 아니라 가사와 장삼도 스님이 된 뒤부터 입을 수 있으니, 행자들은 은사 스님으로부터 수계를 받아 새로 지은 가사와 장삼, 두루마기와 동방의와 바지, 그리고 바루를 받을 때까지 두루마기 대신에 '짜루마기'라는 동방의보다 길고 두루마기보다 짧아 그리 이름이 붙은 옷을 동방의 위에 입기도 했다 한다.

흔히 우리 옷이 서양의 영향을 받아 국적이 없는 얼치기로 변했다고 한다. 그중에서도 스님들의 장삼은 '일본 중'이 됐다고 한탄하는 이들도 없지 않다. 요사이 서울 한복판에 있는 조계사 앞을 지나다 보면 두루마기 자락을 휘날리며 바삐 움직이는 스님들을 볼 수 있는데, 이들이 입은 두루마기는 아마도 거개가 깃이 배꼽 위까지 축 처져 내려와 있기 십상

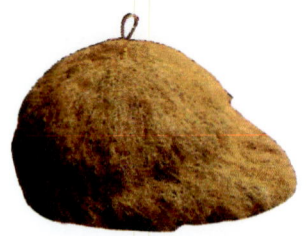

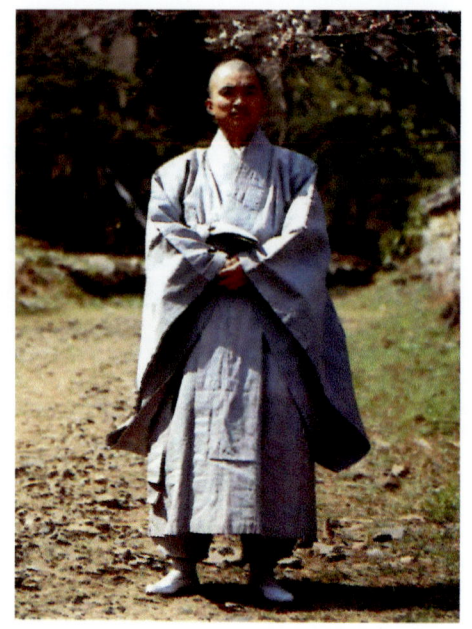

입적하신 묵담 스님이 쓰던 송낙
한대 지방 소나무에 더부살이하는
'송낙'이라는 이끼와 뿌리로 엮어
만들어 그런 이름이 붙었다. (왼쪽)

동방의 위에 입는 장삼 일종의 스
님들의 예복이다. 아홉새 무명으로
지은 지허 스님의 10년된 장삼은 풀
을 조금 먹인 만큼 폭삭한 손무명의
맛이 살아 구김이 간 대로도 좋다.
(오른쪽)

이어서 두루마기 속의 저고리 동정과 깃이 훤히 드러날 뿐만 아니라 옷
고름조차 제대로 매어져 있지 않기도 한다. 그렇다고 해서 큰 사찰에 있
는 스님들이 입은 옷에서 불가의 전통을 정갈하게 이어받은 모양을 찾
을 수 있느냐 하면 그것도 아닌 듯하다.

　지허 스님의 두루마기는 천이 동방의와 같은 질박한 아홉새의 손무
명이고, 동정은 스님 옷을 만들 때 하는 방법대로 제 천으로 아예 박아
달아 빨 수 있게 한 것이다. 외출할 때는 두루마기 위에, 가까운 곳에 갈
때는 간단한 소지품쯤을 넣을 수 있는 행랑을 메고, 먼 수행길에 오를
때는 바루와 여름옷과 겨울옷을 넣을 수 있는 바랑을 메고 흔히 승관이
나 굴갓이나 송낙을 머리에 썼다고 한다.(이렇게 두루마기까지 갖추어 입
게 된 것은 아마도 대원군 때부터 세상 사람들이 두루마기를 널리 입게 되면서

부터일 것이다. 두루마기가 나오기 전의 스님들은 동방의 위에 장삼을 늘 입고 다녔다 한다.) 지허 스님은 간단히 외출할 때처럼 행랑을 메고 송낙을 쓴 모습을 보여 주었다. 송낙은 소나무 이끼와 이끼 뿌리를 엮어 만드는데, 지허 스님이 보여 준 송낙은 입적하신 묵담 스님의 것이었다. 금강산과 묘향산 같은 데서 나오는 한대 지방 소나무에 더부살이하는 '송낙'이라는 이끼로 만든 것이어서 그런 이름이 붙었다. 송낙의 특성은 여름에는 볕을 가려 주고 냉기를 저절로 함유해서 시원하고, 겨울에는 온기를 함유해서 따뜻하니, 전천후 머리쓰개로 예전의 스님들 사이에 널리 쓰였다 한다. 끈은 산죽을 토막 내어 실에 꿰매어 만들었다.

스님네들의 옷 중에서 종파에 따라 매우 다른 모양이 되어 버린 옷이 바로 법복인 장삼이다. 아니 대다수 종파가 전통 장삼의 모습을 변형시켰다고 해야 옳다. 장삼은 일종의 스님형 도포라고 할 수 있는데, 손님을 정중하게 맞이해야 하는 때나 보통의 행사 때 꼭 입어야 하는 옷이다. 장삼은 두루마기보다 길이가 길어야 하고 폭도 또한 두루마기보다 넓어야 하며, 보통 동방의 위에 입는다. 장삼의 소매통은 이른바 '광수'여서 두루마기 소매통의 다섯 곱절은 되며, 동방의 소매통의 여섯 곱절이 된다. 그래서 스님들은 장삼을 입을 때는 늘 손을 맞잡아 아랫배에 가만히 갖다 대어 자칫 흐트러지기 쉬운 장삼의 모양새를 뒷단속한다. 지허 스님의 장삼은 두루마기와 같은 아홉새 무명이나 두루마기보다 풀을 덜 먹여 폭삭한 손무명의 특징을 살렸다. 장삼의 가슴께에는 얇은 띠가 한 줄 둘러 있다. 지허 스님의 말에 따르면 이는 길이가 길고 두루마기 폭보다 넓은 장삼에 선을 하나 긋듯이 악센트를 준 것이라 한다.

우리나라에서 위세를 떨치고 있는 힌 종파에서는 장삼의 가슴께에 한 줄 얇게 두르는 띠를 변형하여 허리를 잘록하게 질끈 동여매는 허리띠로 둔갑시켰다. 또 그 장삼의 가슴 아래에서부터 주름을 잡아 그 위에 두꺼운 허리띠를 바짝 졸라매고 나면 여자의 스커트같이 주름이 잡혀 엉덩이가 도드라져 보이게 해 놓았다. 그런 이상한 모양의 장삼이 만들어진 것은 1953년의 불교 분규 때부터라 한다. 법복이란 본디 속세를 여의고 해탈을 구하는 스님들의 생활에 어울리는 소박한 모양이어야 하는데 일부 종파의 법복은 마치 승복의 패션 시대를 맞이한 듯이 변했다. 그래서 불가의 전통을 이어받으면서도 현대 생활 감각을 수용하려는 스님들도 그 스타일에는 눈살을 찌푸린다고 한다.

장삼에 두르는 얇은 띠는 중국에서부터 붙여 왔다 하는데, 하나로 된 긴 띠를 장삼의 양 옆구리와 등 한복판에 고정시키고, 안섶·바깥섶의 끝에 고정되어 마무리된 것이다. 속가의 도포에 매는 '세조대'에 해당되는 것이랄 수 있으나 끈을 매어 마무리하지 않는 것이 특징이랄 수 있다. 지허 스님의 말에 따르면 띠를 붙이지 않은 장삼을 입은 스님들도 이따금 있는데, 이는 계율을 어겼을 때 그 띠를 떼기 때문이라고 한다. 띠를 명령으로 붙이라고 할 때까지 떼고 있어야 하는 벌은 죄지은 스님이 참회를 한 뒤에 계율을 더욱더 잘 지킬 것을 맹세한 이에게 내리는 벌이니, 말하자면 경범죄를 다스리는 벌이라 하겠다. 그러나 도둑질이나 살인, 간음 그리고 정법에 없는 망령된 소리를 한 자에게는 가사와 숯 물 들인 승복을 벗기고 흰옷을 입혀 등에 북을 매달게 해서 뒤에서 스님들이 그 북을 치며 절의 일주문 밖으로 내쫓는다 한다.

스님들의 옷은 가사를 빼고는 모두 물푸레나무로 구운 숯 물을 들여 입었다. 높은 산에서 자라는 물푸레나무는 깡마른 낙엽수인데, 그것을 숯으로 구워 절구에 곱게 빻아서 단단하게 생긴 올 굵은 무명 자루에 담아 넓은 그릇에다 물을 붓고 문지른다. 물푸레나무 숯으로 물이 새카맣게 되면 물에 담가 꼭 짜두었던 젖은 천을 숯 물에 담가 마룻바닥에 대고 살살이 문지르고 치댄다. 이때 빠짐없이 치대야 '채가 지지

세상 사람들이 두루마기를 널리 입게 되면서부터 스님들도 예를 차려야 할 때나 법회를 할 때 말고는 장삼 대신 동방의 위에 두루마기를 입는다. 요즈음에는 행랑 대신 어깨에 거는 가방을 걸고 다니는 스님들도 있으나 지허 스님은 굳이 행랑을 고집한다.

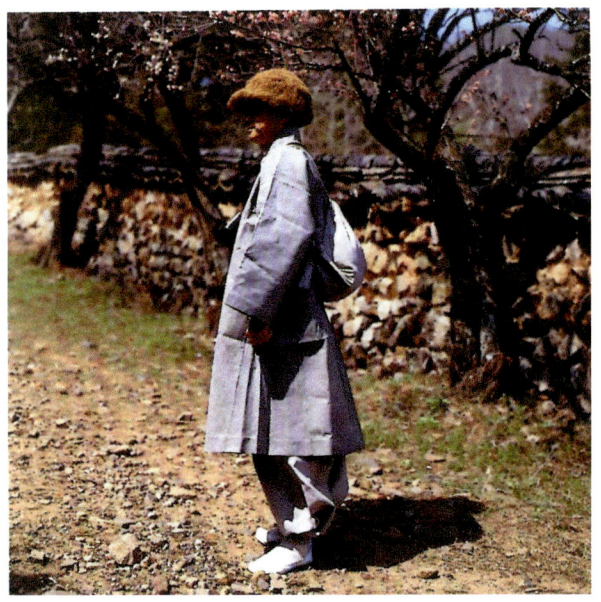

않고'—얼룩이 나지 않고—새카만 물이 곱게 든다고 한다. 천 전체를 잘 치대서 숯 물에 다시 넣고 다시 꺼내 치대기를 다섯 번쯤 하면 숯 물이 곱게 든다고 한다. 엷은 회색으로 숯 물을 들이려면 숯 물에 담그기를 적게 하는 것이 아니라 똑같이 정성스럽게 숯 물을 들인 뒤에 많이 빨아서 낸다. 숯 물 든 옷을 솥에다 넣고 명반과 식초를 섞어 푹 삶으면 그때야 비로소 무명에 어울리는 안정된 숯물빛이 나니, 삶은 다음에 말간 물이 나올 때까지 빨아야 물들이기가 끝난 것이다.

숯 물 들인 지허 스님의 무명옷들은 한번 빨아서 풀해서 다리면 늘 새 옷과 같아서 낡으면 낡은 대로 좋다. 지허 스님은 그래서 처음으로 출가하여 입었던, 이제는 누더기가 된 승복을 지금도 가장 소중히 간직한다고 한다.

빛깔있는 책들 203-10

봄가을 한복

초판 1쇄 발행 | 1989년 12월 26일
초판 6쇄 발행 | 2025년 9월 30일

글·사진 | 뿌리깊은 나무

발행인 | 김남석
발행처 | ㈜대원사
주   소 | 135-230 서울시 강남구 개포로 140길 32 원효빌딩 B1
전   화 | (02)757-6711, 6717
팩시밀리 | (02)775-8043
등록번호 | 제3-191호
홈페이지 | http://www.daewonsa.co.kr

값 13,000원

ⓒ Daewonsa Publishing Co., Ltd
Printed in Korea 1989

ISBN | 89-369-0076-5   00590
        978-89-369-0076-2   03590
        978-89-369-0000-7(세트)

빛깔있는 책들